DK 677.21.051.25.001.5

FORSCHUNGSBERICHTE
DES LANDES NORDRHEIN-WESTFALEN

Herausgegeben durch das Kultusministerium

Nr. 847

Oberingenieur Herbert Stein
Ing. Martin Eidelsburger
Institut für textile Meßtechnik M. Gladbach e. V., Mönchengladbach

Untersuchungen über den Ablauf der Arbeitsvorgänge
bei Schlagmaschinen in Baumwoll- und
Zellwollaufbereitungsanlagen

Als Manuskript gedruckt

WESTDEUTSCHER VERLAG / KÖLN UND OPLADEN

1960

ISBN 978-3-663-03969-3   ISBN 978-3-663-05158-9 (eBook)
DOI 10.1007/978-3-663-05158-9

Gliederung

1. Vorwort .... S. 5
2. Aufgabenstellung .... S. 6
3. Aufbau und Arbeitsweise der Schlagmaschinen .... S. 8
4. Beschreibung der Meßeinrichtungen und der Methoden zur Gleichmäßigkeitsprüfung an Schlagmaschinenwickeln .... S. 11
   - 4.1 Wägeverfahren .... S. 11
   - 4.2 Metergewichtsbestimmung .... S. 11
   - 4.3 Geräte zur fortlaufenden Ermittlung der Gleichmäßigkeit . S. 12
       - 4.31 Hochfrequenzgeräte .... S. 13
       - 4.32 Mechanisch-elektrisch wirksame Wickelprüfmaschine .. S. 14
   - 4.4 Auswertung der Meßergebnisse .... S. 17
   - 4.5 Drehzahl-Fernmeßanlage .... S. 19
5. Durchgeführte Untersuchungen .... S. 21
   - 5.1 Auswirkungen des Fasergutes auf die Gleichmäßigkeit . S. 21
   - 5.2 Einfluß der Arbeitsweise der den Materialtransport bewirkenden Maschinenelemente und deren Einstellung ...... S. 25
       - 5.21 Schwankungen im Füllungsgrad des Kastenspeisers .. S. 25
       - 5.22 Füllschachteinstellung .... S. 26
       - 5.23 Steuerung der Speisewalze durch den Muldenregler .. S. 29
           - 5.231 Aufgaben und Wirkungsweise der Muldenhebelregulierung .... S. 29
           - 5.232 Auswirkung der Regelapparatur auf die Wickelgleichmäßigkeit .... S. 31
           - 5.233 Störungsmöglichkeiten .... S. 38
       - 5.24 Siebtrommelanflug .... S. 39
       - 5.25 Verzug zwischen Kalander- und Wickelvorrichtung .. S. 43
       - 5.26 Kalanderdruck .... S. 45
       - 5.27 Preßkopfbelastung .... S. 46
   - 5.3 Nachträgliche Verformung des Wickels durch Lagerung und Transport .... S. 50
6. Zusammenfassung .... S. 51
7. Literaturverzeichnis .... S. 53
   - 7.1 Zeitschriften und Buchliteratur .... S. 53
   - 7.2 Patentliteratur .... S. 54

1. Vorwort

Die Schlagmaschine hat die Aufgabe, das ihr von den Voröffnern zugeführte Fasermaterial weiter aufzulösen, es in Watteform zu überführen und einen Wickel zu bilden, der eine einfache Materialvorlage für die im Arbeitsprozeß nachfolgende Karde ergibt. Weder die Karde, noch weniger natürlich die Streckwerke von normalen Strecken, Vorspinnmaschinen und Ringspinnmaschinen haben eine Möglichkeit, Ungleichmäßigkeiten in der Vorlage selbsttätig auszugleichen und für die Auslieferung eines Bandes, eines Vorgarnes oder eines Gespinstes Sorge zu tragen, das kleinstmögliche Nummernschwankungen aufweist. Die Gleichmäßigkeit der Wickelwatte ist also mitbestimmend für den Ausfall eines daraus hergestellten Gespinstes. Zwar wird es möglich sein, durch die bei den Strecken angewandten Doublierungen vorhandene Schwankungen weitgehend auszugleichen. Trotzdem ergibt sich die Forderung, daß bereits bei der Herstellung der Wickelwatte auf eine gute Gleichmäßigkeit zu achten ist. Dies gilt insbesondere dann, wenn bei der Anwendung von Kurzspinnverfahren und damit zusammenhängend der Einsparung von Streckwerkspassagen die Zahl der Doublierungen gegenüber den früher angewandten geringer wird.

Die Wickelgleichmäßigkeit wird abhängig sein:
vom verarbeiteten Rohstoff
von der Bauart und dem Zustand des Schlagmaschinenaggregates
von der Einstellung der einzelnen Arbeitsorgane der Schlagmaschine.

Die Wahl des zu verarbeitenden Fasermaterials, dessen Art und Qualität, ist für den betreffenden Betrieb davon abhängig zu machen, welche Anforderungen an Qualität und Aussehen der zu erzeugenden Gespinste gestellt werden. Die Bauart und die Einstellung der für einen bestimmten Arbeitsprozeß eingesetzten Schlagmaschinen hat sich fallweise nach den für den betreffenden Betrieb vorliegenden Gegebenheiten zu richten. Wichtig ist, daß rechtzeitig erkannt wird, wenn irgendein Fehler vorliegt und daß im übrigen die Überwachung und Einstellung der einzelnen Maschinenelemente von entsprechend geschulten Fachkräften erfolgt.

Die Wickelgleichmäßigkeit wird durch die einwandfreie Funktion des Materialtransportes und der Regeleinrichtungen bestimmt. Für die nachfolgend bezüglich der Schlagmaschine anzustellenden Betrachtungen hat deshalb zu gelten, daß vor allem die Teile eines Schlagmaschinenaggregates in die Beobachtung einzubeziehen sind, die der Materialführung innerhalb der Maschine dienen.

Die im nachfolgenden behandelten meßtechnischen Untersuchungen an Schlagmaschinenwickeln und an Schlagmaschinen im praktischen Betrieb kamen in verschiedenen Baumwollspinnereien des Bezirkes Mönchengladbach - Rheydt zur Durchführung. Den hier nicht besonders genannten Firmen, vor allem aber der Textilmaschinenfabrik TRÜTZSCHLER & CO., Rheydt-Odenkirchen, und den einzelnen Sachbearbeitern, die uns mit Rat und Hilfeleistungen zur Verfügung standen, ist seitens des Instituts an dieser Stelle nochmals für die gewährte Unterstützung zu danken.

2. Aufgabenstellung

Aussagen darüber, wie sich ein bestimmter Rohstoff bei der Verarbeitung in einer Aufbereitungsanlage verhält, wie deren einzelne Maschinenelemente wirksam sind bzw. ob eine fehlerhafte Einstellung oder sonstige Störungen vorliegen, sind durch Überprüfung der Gleichmäßigkeit des von der Schlagmaschine erzeugten Wickels zu erhalten. Die Länge der jeweils von der Wickelvorrichtung in Rollenform zu überführenden Faserwatte wird durch besondere, von der Maschine aus gesteuerte Zählvorrichtungen bestimmt. Das Gewicht eines erzeugten Wickels gibt deshalb einen Anhalt dafür, ob die gewünschte mittlere Wattenummer erreicht ist. Hierbei sind jedoch keine Angaben darüber zu erhalten, ob nicht über bestimmte kürzere Längen verteilte Querschnittsschwankungen vorliegen, die bei der Weiterverarbeitung zu Beanstandungen führen. Es ist deshalb erforderlich, Wattequerschnitts- bzw. Nummernbestimmungen über kleinere Materiallängen vorzunehmen. Erwünscht ist eine fortlaufende Messung und die Aufzeichnung der Werte in Diagrammform, um auf diese Weise zu erkennen, ob eine erwünschte Gleichmäßigkeit erzielt ist. Die hierbei zu stellenden Anforderungen:

fortlaufende Prüfung der mit gleicher Geschwindigkeit von einem abrollenden Wickel abzunehmenden Wickelwatte,
Aufzeichnung von Querschnittsschwankungen, die gleichmäßig oder ungleichmäßig verteilt über die gesamte Wattebreite auftreten,
Ausschalten zusätzlicher Einflüsse durch unterschiedliche Feuchtigkeit, Temperatur und Faserschichtung bzw. Faserpressung,
selbsttätige Auswertung der Meßergebnisse durch geeignete Auswertgeräte, die den Variationskoeffizienten oder einen Wert für die mittlere lineare Ungleichmäßigkeit ermitteln

können mit den bekannten, für derartige Untersuchungen zur Verfügung stehenden Meßeinrichtungen nicht immer in befriedigender Weise erledigt werden. Es wurde deshalb für diese Forschungsarbeit eine geeignete Prüfmaschine aufgebaut, die nach einem mechanisch-elektrischen Prinzip arbeitet.

Damit war es nunmehr möglich, eine Reihe von aufschlußreichen Untersuchungen durchzuführen. Hierbei handelte es sich u.a. darum, Auswirkungen auf die Gleichmäßigkeit der Wickelwatte zu ermitteln, die durch eine ungleichmäßige Anlieferung des Fasermaterials zur Speisewalze, durch fehlerhaftes Arbeiten des Muldenreglers, durch einen unbefriedigenden Anflug des Fasermaterials an die Siebtrommeln und durch Einflüsse entstehen können, die auf den Verdichtungs- und Glättungsvorgang an den Kalanderwalzen und das anschließende Überführen der Faserwatte in Wickelform zurückzuführen sind.

Schwankungen in der Fasermaterialanlieferung zur Speisewalze haben zur Folge, daß die Muldenhebel ein Verschieben des Riemens am Kegelriementrieb veranlassen, wodurch sich die Drehzahl der Speisewalze entsprechend ändert. Die vom Muldenregler bewirkte Drehzahlregelung steht also in Zusammenhang mit der Materialzufuhr. Erfolgt diese in der gewünschten Weise gleichmäßig, dann wird auch die Speisewalze nur geringe Drehzahländerungen erfahren. Umgekehrt hat zu gelten, daß Störungen in der Materialzufuhr dadurch zu erkennen sind, daß starke Drehzahländerungen auftreten.

Unter diesen Voraussetzungen ist eine Kontrolle der Beschickung des Kastenspeisers mit Fasermaterial, der Wirkung des Steiglattentuches und vorgesehener Abstreifwalzen sowie der Materialansammlung und -führung im Füllschacht zu gewinnen, wenn die über den Kegelriemen in ihrer Geschwindigkeit veränderte Kegelriemenscheibe durch eine Drehzahlmeßeinrichtung überwacht wird.

Für die vorzunehmenden Untersuchungen wurde eine Drehzahl-Fernmeßanlage besonderer Bauart mit einem elektrischen Tintenschreiber aufgebaut und eingesetzt. Dadurch bestand die Möglichkeit, die sich abspielenden Vorgänge während größerer Zeitabschnitte fortlaufend zu überwachen und entsprechende Aufzeichnungen zu machen.

In den nachfolgenden Abschnitten werden anschließend an eine Beschreibung der eingesetzten Prüfgeräte zusammenfassend die Ergebnisse einer Reihe von Untersuchungen behandelt, die unter verschiedenen Voraussetzungen und in verschiedenen Textilbetrieben zur Durchführung kamen.

3. Aufbau und Arbeitsweise der Schlagmaschinen

Mit dem Bau von Schlagmaschinen befassen sich eine ganze Reihe von Textilmaschinenfabriken im In- und Ausland. Der grundsätzliche Aufbau ist bei allen praktisch der gleiche. In einem Kastenspeiser wird das der Schlagmaschine zuzuführende Material zunächst gespeichert. Klappen, welche die Materialfüllung abfühlen oder Fotozellenanordnungen, die das Materialniveau feststellen, bewirken dabei selbsttätig Nachförderung und Unterbrechung der Materialzufuhr von den vorgeschalteten Öffnersätzen.

Einem Steiglattentuch kommt in Verbindung mit einer Abstreifwalze die Aufgabe zu, eine weitere Auflösung des Fasermaterials zu bewirken und dieses außerdem vom Kastenspeiser zum Füllschacht in stets gleicher Menge weiterzufördern.

An Stelle kleiner Füllschächte werden heute im allgemeinen hohe Füllschächte verwendet, um durch Schaffung einer bestimmten Materialsäule eine gleichmäßige Verdichtung für die Materialauflage auf einem dem Speisezylinder vorgeordneten Lattentuch zu erzielen. Diesen Vorgang begünstigt eine Rüttelvorrichtung, die den eigentlichen Füllschacht hin- und herschwingen läßt.

Die Drehzahl der Speisewalze wird in Abhängigkeit von einer Fühleinrichtung, welche die Materialdicke bestimmt, so gesteuert, daß in der Zeiteinheit dem Schlagflügel immer die gleiche Fasermenge dargeboten wird. Obwohl es nicht an Versuchen gefehlt hat, die einfache bekannte Muldenreglung durch andere Meß- und Steuervorrichtungen zu ersetzen, findet die Muldenhebeltastatur mit verstellbarem Kegelriementrieb allgemein auch weiterhin bei neuen Schlagmaschinen Verwendung. Mit dem vom Institut aufgebauten Wickelgleichmäßigkeitsprüfer, der sich ebenfalls dieses Muldenhebelmeßsystems bekannter Bauart bedient, konnte aufgezeigt werden, daß hiermit eine gute Ermittlung des Faserstoffquerschnittes möglich ist. Die Anordnung hat rein elektrisch wirkenden Meßeinrichtungen gegenüber den Vorteil, daß sie verhältnismäßig einfach aufgebaut werden kann und von anderweitigen Einflüssen (Feuchtigkeit, Bauschigkeit des Fasermaterials, Materialverteilung über die Maschinenbreite) kaum abhängig ist; im übrigen von dem Werkstättenpersonal einer Spinnerei ohne weiteres überwacht und instandgehalten werden kann. Allen Schlagmaschinen eigentümlich ist schließlich die Siebtrommelanordnung, der die Aufgabe zukommt, das vom Schlagkreis abgesaugte Fasermaterial in die Form einer Wattebahn zu überführen und diese an den folgenden Kalander und die Wickelvorrich-

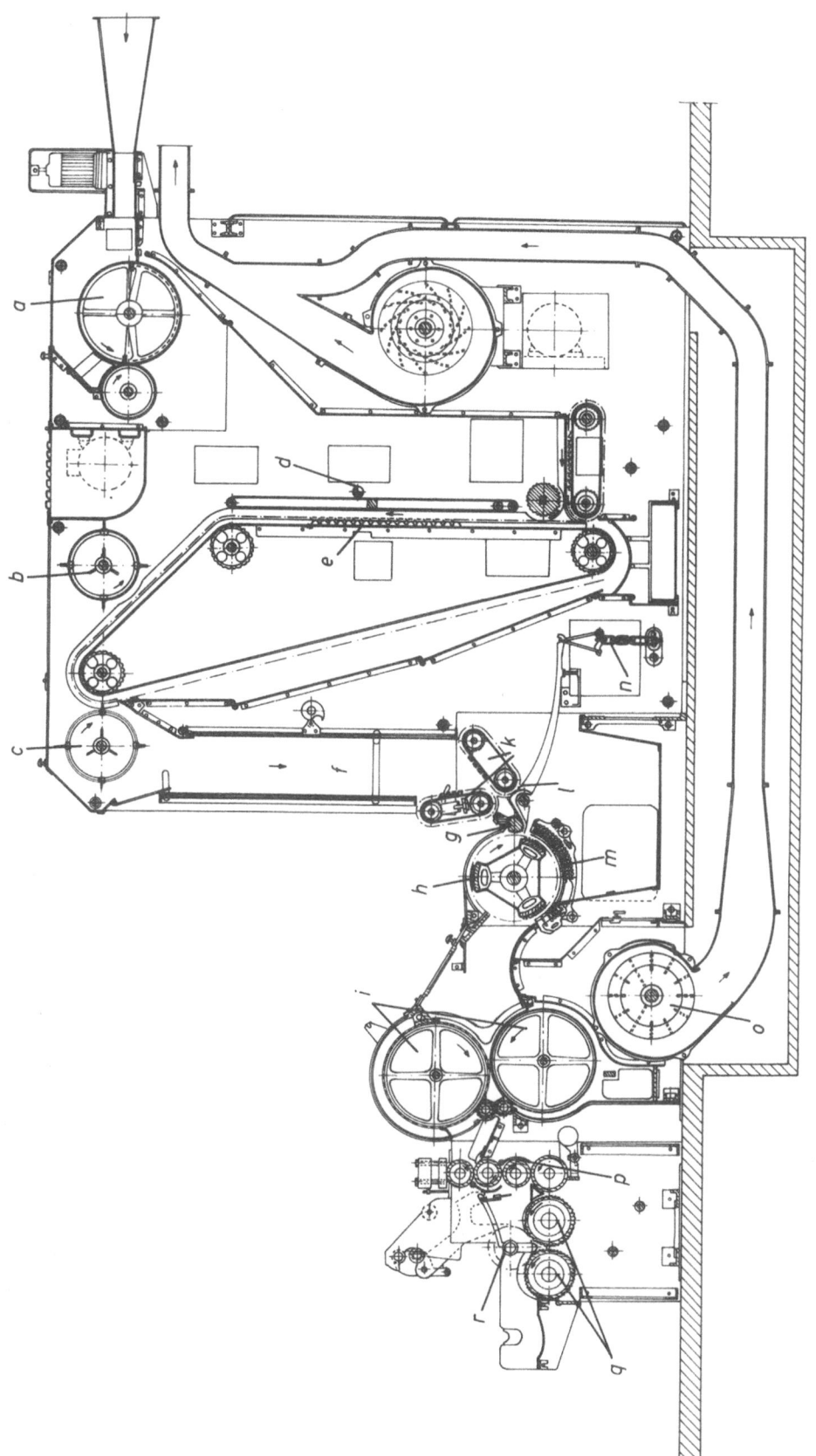

Abbildung 1

Schnittbild durch ein Schlagmaschinenaggregat

a Siebtrommelabschneider
b Rückstreifwalze
c Abstreifwalze
d Fotozelle zur Niveauregelung
e Steiglattentuch
f Füllschacht
g Speisewalze
h Schläger (Kirschnerflügel)
i Siebtrommeln
k Lattentücher
l Muldenhebel
m Rost
n Hebelgestänge zum Muldenregler
o Ventilator
p Kalanderwalzen
q Wickelwalzen
r Wickelstange

tung abzuliefern. Hier wird die Faserwatte verdichtet, ihre Oberfläche geglättet und durch Bildung eines Wickels ein längerer zusammenhängender Faserverband geschaffen, der in dieser Form zur Weiterverarbeitung auf der Karde zur Verfügung steht.

Bei Schlagmaschinen älterer Bauart stellt sich nach Erreichen des gewünschten Wickeldurchmessers bzw. Aufwinden der eingestellten Wickellänge der Materialtransport selbsttätig ab. Der Wickel wird dann abgenommen und gewogen, ein neuer Wickeldorn eingelegt und die Schlagmaschine erneut in Betrieb genommen.

Wie nachstehend gezeigt wird, ergibt sich beim Stillsetzen durch den Faseranflug an die Siebtrommel vielfach eine Verdickung, die sich als entsprechend gröbere Nummer in der Wickelwatte aufzeigt.

Das läßt sich vermeiden, wenn für die Wickelvorrichtung ein Zusatzapparat Verwendung findet, der für einen selbsttätigen Wickelausstoß sorgt. Der Materialtransport braucht dann nicht unterbrochen zu werden und der Vorgang der Wickelwattebildung erfolgt stetig. Durch den automatischen Wickelausstoß läßt sich gleichzeitig eine Zeitersparnis erzielen und das Bedienungspersonal entlasten.

Einen Schnitt durch eine neuzeitliche Schlagmaschine zeigt Abbildung 1. Hier sind auch die Bezeichnungen eingetragen, die bei der nachfolgenden Behandlung durchgeführter Untersuchungen zur Anwendung kommen.

Abbildung 2 läßt den äußeren Aufbau einer solchen Schlagmaschine mit dahinter angeordnetem Staubfilter erkennen. Bezüglich weiterer Einzel-

A b b i l d u n g   2

Schlagmaschine mit automatischer Wickelauswurfvorrichtung und Staubfilteranlage

heiten bleibt auf die sehr ausführliche Literatur über Baumwoll- und Zellwollaufbereitungsanlagen zu verweisen (s.hierzu auch Abschn.7).

4. Beschreibung der Meßeinrichtungen und der Methoden zur Gleichmäßigkeitsprüfung an Schlagmaschinenwickeln

4.1 Wägeverfahren

Mit dem fertigen Schlagmaschinenwickel liegt ein erstes Halbfabrikat in der Baumwollspinnerei vor, das in Länge und Gewicht definiert ist und das die Gleichmäßigkeit des Gespinstes mitbestimmt. Um vorgegebene Toleranzen einzuhalten, muß eine ständige Kontrolle der Wickel vorgenommen werden. Die Wickellänge wird durch eine entsprechende Einstellung der zur Schlagmaschine gehörenden, mechanisch- oder elektrisch arbeitenden Zählvorrichtung festgelegt und von dieser aus die Abstellung des Materialtransportes bzw. der selbsttätige Auswurf des fertigen Wickels bewirkt.

Die Wickellänge entspricht nicht genau der durch Drehzahl und Durchmesser der Wickelwalzen theoretisch festliegenden Materiallieferung. Durch Schlupferscheinungen und Walkung ergeben sich mitunter gewisse Abweichungen zwischen der mittels Zählwerk ermittelten Wattelänge und dem tatsächlichen, bei einer nachträglichen Längenmessung ermittelten Maß. Bei der Verarbeitung eines gleichen Fasermaterials bei gleichen Druckbelastungen für Kalander und Preßköpfe kann jedoch damit gerechnet werden, daß immer gleiche Verhältnisse vorliegen und zwischen den einzelnen Wickeln Längenabweichungen nicht gegeben sind. Durch Wiegen aller erzeugten Wickel ist deshalb eine Kontrolle dafür gegeben, daß das mittlere Flächengewicht der Wickelwatte dem Sollwert bzw. der gewählten Einstellung entspricht.

4.2 Metergewichtsbestimmung

Im praktischen Betrieb ist es üblich, in gewissen Zeitabständen den einzelnen Schlagmaschinen Wickel zu entnehmen, um deren Metergewichtsbestimmungen durchzuführen. Die einfachste, aber zeitraubendste Methode besteht darin, daß die Wickel am Boden ausgerollt werden, um mittels Schablonen aus Holzlatten oder Winkeleisen fortlaufend Meterstücke abzutrennen. Die durch Wägung bestimmten Gewichte werden graphisch aufgetragen. Die so erhaltenen Kurven lassen vorhandene größere Schwankungen erkennen, vermitteln jedoch keine genaueren Aussagen über die Wickelgleichmäßigkeit. Vielfach wird deshalb, um eine Beurteilung vornehmen zu können, die größte Schwankungsbreite, also die Differenz zwischen Maximal- und Minimalwert

in % vom Mittelwert errechnet. Bei guten Anlagen erreicht dieser Wert
± 2 %, der in Einzelfällen sogar noch unterschritten wird. Da die beiden
ersten und letzten Meterstücke aus später noch darzulegenden Gründen
größere Ungleichmäßigkeiten aufweisen, werden sie bei dieser Auswertung
nicht berücksichtigt.

Als weiteres Kriterium können aus den ermittelten und in Diagrammform
aufgetragenen Metergewichten Streuung und Variationskoeffizient berechnet
werden. Hierbei ist jedoch darauf hinzuweisen, daß diese Werte nur in
einem losen Zusammenhang zu denen stehen, die bei einer kurze Wattestücke
erfassenden Gleichmäßigkeitsprüfung ermittelt werden. Den Metergewichten
sind jedenfalls nur unsichere Aussagen über Schwankungen auf kürzeren
Längen zu entnehmen.

Bei Metergewichtsbestimmungen als "gleichmäßig" gefundene Wickel können
in kurzen Prüfgutlängen größere Unruhen aufweisen. Das gleiche gilt für
den umgekehrten Fall. Hierin tritt die Unzulänglichkeit dieser Prüfmethode
in Erscheinung.

Eine wesentliche Erleichterung bei der Wickelprüfung auf "Metergewichte"
schafft der speziell dafür konstruierte und unter der Typenbezeichnung
"Metrolux" bekanntgewordene Wickelprüfer. Dieser ist mit einer Abroll-
vorrichtung für den Wickel ausgestattet und trennt selbsttätig Meterstücke ab, deren Gewichte mit einer Spezialwaage zu ermitteln sind. Während der Prüfung kann die über einen Leuchtschirm gleitende Watte gleichzeitig visuell kontrolliert werden.

4.3 Geräte zur fortlaufenden Ermittlung der Gleichmäßigkeit

Für einschlägige Produktionskontrollen, aber auch zur optimalen Einstellung aller Organe der Schlagmaschine, die Einfluß auf die Gleichmäßigkeit der zu erzeugenden Wickel nehmen, ist es wünschenswert, nicht nur
die Streuung der Gesamtwickelgewichte und die der Metergewichte zu ermitteln. Vielmehr sind auch Schwankungen in kürzesten Prüfgutabschnitten
aufzuzeigen. Hierfür werden bereits Prüfgeräte entwickelt, welche die
Gleichmäßigkeit der Wickelwatte fortlaufend mittels elektrischer Tintenschreiber in Kurvenform registrieren. Die Diagramme lassen erkennen, welche Größe die auftretenden Querschnitte in der Wickelwatte erreichen.
Sie vermitteln weiterhin ein Bild von der Art der Unregelmäßigkeiten und
zeigen, ob es sich um Schwankungen über kurze oder größere Längenab-
schnitte bzw. evtl. um solche periodischer Natur handelt. An Hand der

aus den Kurvenzügen und der Prüfgeschwindigkeit errechneten Materiallängen können Rückschlüsse auf ein fehlerhaftes Arbeiten gewisser Teile der Schlagmaschine gezogen werden. Da mit dem Wickel ein erstes Halbfabrikat in der Spinnerei vorliegt, das ausschlaggebend die Gleichmäßigkeitsmerkmale des Endproduktes bestimmt, ist diese Art einer Gleichmäßigkeitsprüfung wichtiger Bestandteil einer gezielten Qualitätsüberwachung.

4.31 Hochfrequenzmeßgeräte

Eine Prüfeinrichtung dieser Art ist das "Varimeter" der Firma ZELLWEGER-USTER, das als Zusatzeinrichtung zu den bekannten Gleichförmigkeitsprüfgeräten geliefert wird. Es erübrigt sich, auf dessen Aufbau näher einzugehen, da es bereits in der Literatur eingehend behandelt worden ist [9].

Auch die bereits in verschiedenen Forschungsberichten des ITM erwähnte Hochfrequenz-Meßbrücke Typenbezeichnung "Textronograph" ist so aufgebaut, daß es möglich ist, an Stelle von Band-, Vorgarn- und Garnkondensatoren einen über die Wattebreite eines Schlagmaschinenwickels reichenden Spezialkondensator zu verwenden.

Solche Meßglieder können gegebenenfalls direkt in eine Schlagmaschine eingebaut werden. Sie sind dann zwischen Kalander und Wickelwalzen anzuordnen. Die Gleichmäßigkeit der erzeugten Wickel läßt sich auf diese Weise fortlaufend kontrollieren.

Die dauernde Einordnung einer verhältnismäßig komplizierten und teuren Meßeinrichtung in eine betriebsmäßig eingesetzte Arbeitsmaschine hat verschiedene Nachteile. Das Bedienungspersonal ist zu gewissen Vorsichtsmaßnahmen gezwungen, um Beschädigungen zu vermeiden. Die Führung der Watte durch einen Meßschlitz kann zu Stauungen und damit zu Betriebsstörungen führen. Weiterhin werden bei einer derartigen Überprüfung nicht die auf die Wickelgleichmäßigkeit einflußnehmenden Vorgänge bei der Aufwicklung selbst erfaßt. Die Meßkondensatoren solcher Hochfrequenz-Gleichförmigkeits-Prüfeinrichtungen werden deshalb besser in besondere Prüfgestelle eingeordnet, auf denen die zu überprüfenden Wickel nachträglich wieder abgerollt werden. Ein solches Gerät mit Tintenschreiber zeigt Abbildung 3.

Vielfach finden dafür die für Metergewichtsbestimmungen entwickelten Prüfgestelle (Metrolux und andere) Verwendung.

Vom Deutschen Spinnereimaschinenbau Ingolstadt wurde eine besondere Wickelprüfmaschine entwickelt [12], bei der die überprüfte Wickelwatte

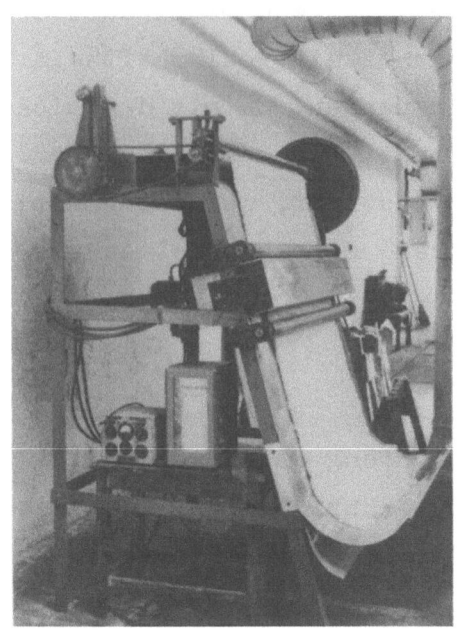

Abbildung 3

Wickelprüfgestell mit Meßkondensator und Hochfrequenz-Gleichmäßigkeitsprüfer (Textronograph)

ebenfalls weiterverarbeitet werden kann. Das eigentliche Prüfgerät arbeitet ebenfalls nach dem Hochfrequenzmeßverfahren und wurde von der Firma DR.MASING & CO. aufgebaut und geliefert. Um die Auswertung zu erleichtern, finden elektrische Zählrelais Verwendung, die anzeigen, wenn bestimmte für das Diagramm und damit für die Wickelgleichmäßigkeit geltende Grenzlinien über- oder unterschritten werden.

4.32 Mechanisch-elektrisch wirksame Wickelprüfmaschine

In die Ergebnisse von Hochfrequenz-Meßgeräten geht häufig zusätzlich zur Materialdichte die Materialfeuchtigkeit ein. Die beim Aufbau des Wickels angewandten Preßdrücke führen zu stärkeren Erwärmungen am Wickeldorn. Das Klima in den Betriebsräumen ist oft unterschiedlich. Es ist deshalb damit zu rechnen, daß unter bestimmten Voraussetzungen die Materialfeuchte für innere und äußere Wickellagen Unterschiede aufweist. Das wird von den Hochfrequenz-Meßeinrichtungen ebenfalls erfaßt und führt zu Fehlanzeigen.

Diese Überlegungen gaben dem Institut Veranlassung, für die Durchführung solcher Untersuchungen ein mechanisch-elektrisch arbeitendes Prüfgerät aufzubauen. Der mechanische Teil ist dabei die vom Muldenregler her bekannte Abtastvorrichtung des Faservolumens an einer Speisewalze. Die

Bewegungen der einzelnen Muldenhebel werden in bekannter Weise summiert und auf ein elektrisches Stellglied übertragen. Dieses bildet den geregelten Brückenzweig einer Meßbrücke, die so aufgebaut ist, daß sie von einem normalen Wechselstromnetz gespeist werden kann. In bekannter Weise ist eine Umschaltung möglich derart, daß sich Meßbereiche ± 100 %, ± 50 % und ± 25 % ergeben und dadurch vorhandene Schwankungsspiele verschieden groß aufgezeichnet werden können. Aus Abbildung 4 ist der äußere Aufbau der im nachfolgenden mit "Wickelvolugraph" bezeichneten Prüfeinrichtung ersichtlich.

A b b i l d u n g   4

Mechanisch-elektrisch arbeitende Wickelprüfmaschine (Wickelvolugraph mit Meßbrücke und Tintenschreiber)

Durch Anschluß eines normalen Auswertgerätes, beispielsweise der Gerätetypen M 128 oder M 129 der Firma DR. MASING & CO. können Variationskoeffizienten bestimmt und auf diese Weise Zahlenwerte für verschiedene Wickelqualitäten festgelegt werden.

Sofern bei den nachstehend behandelten einzelnen Untersuchungen solche Zahlenwerte (CV %) genannt sind, wurden diese mit dem MASING-Auswerter M 128 ermittelt, der in diesem Falle mit einem besonderen Zusatzverstärker an die Meßbrücke des mechanisch-elektrisch arbeitenden Wickelprüfgerätes angeschlossen war.

Bei dem angewandten Meßprinzip gehen im Gegensatz zu Auswertungen mit den Integriergeräten zum ZELLWEGER-USTER-Prüfer und zum Textronograph auch Schwankungen ein, die sich über größere Materiallängen erstrecken.

Dadurch ist es möglich, mit den ermittelten Zahlenwerten auch Abweichungen vom Sollmaß zu erfassen, die vielfach für die ersten und die letzten Meter eines Wickels gegeben sind.

Um einen längeren Transport der gegen Stoß und Lagerung empfindlichen Wickel einzusparen und bei einer vorzunehmenden Neueinstellung der Schlagmaschine sofort die sich ergebenden Auswirkungen zu erkennen, wurde der Wickelvolugraph bei den nachfolgend behandelten Untersuchungen - wie Abbildung 5 erkennen läßt - meist direkt im Schlagmaschinensaal aufgestellt.

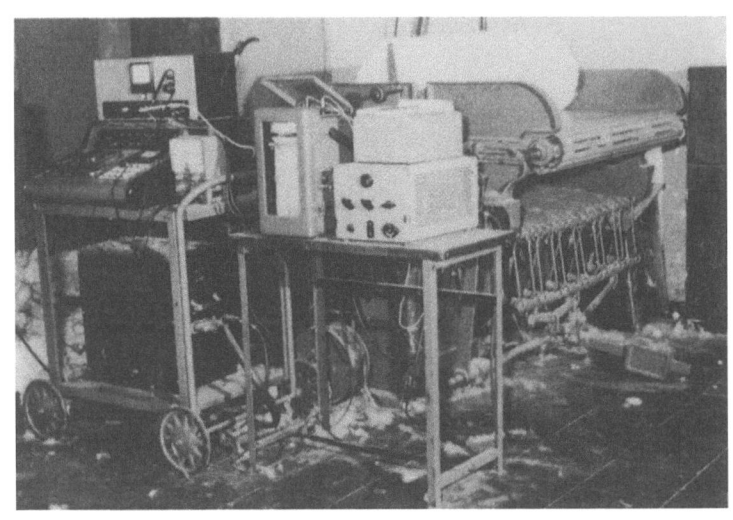

A b b i l d u n g   5

Wickelvolugraph im Schlagmaschinensaal mit MASING - Auswerter M 128

Unter normalen Voraussetzungen sind die mit dem Wickelvolugraph und einem Hochfrequenz-Gleichförmigkeitsprüfer gemachten Aufnahmen über die Gleichmäßigkeit eines zur Prüfung vorgelegten Wickels vergleichbar. Dazu wurde ein entsprechender Versuch durchgeführt. Verwendung fand dabei das Varimeter in Verbindung mit einem Hochfrequenz-Gleichförmigkeitsprüfer ZELLWEGER-USTER Modell B. Der Meßkondensator des USTER-Prüfers wurde dabei in den Wickelvolugraph in der Weise eingebaut, daß die von der Speisewalze ausgelieferte Faserwatte frei durch den Kondensatorschlitz hindurchgeführt werden konnte.

Auf diese Weise war eine gleichzeitige Prüfung möglich und eine gute Gewähr dafür gegeben, daß die getestete Wickelwatte die Meßstelle der beiden Meßeinrichtungen in genau gleicher Beschaffenheit durchlief.

Abbildung 6 bringt oben das USTER-Diagramm, darunter die Aufzeichnung des an die Meßbrücke des Wickelvolugraphen angeschlossenen Tintenschreibers.

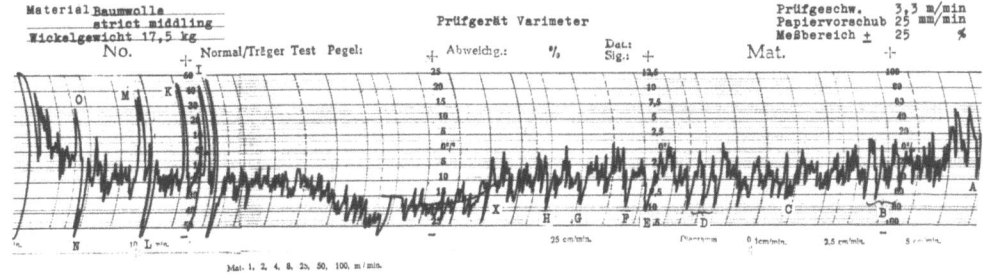

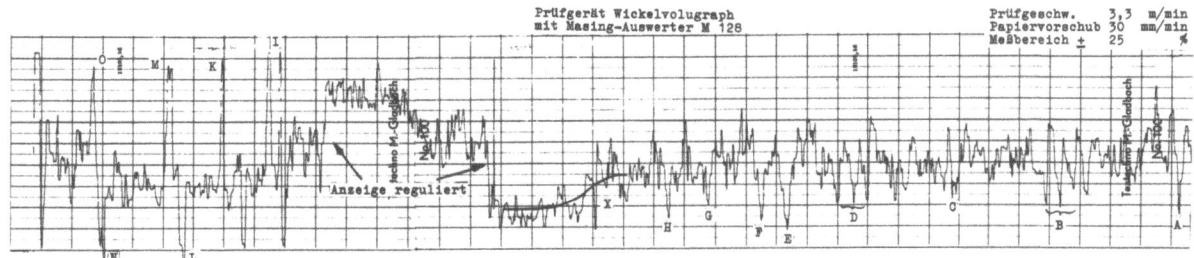

Abbildung 6

Vergleichende Gleichmäßigkeitsprüfungen mit USTER-Varimeter und Wickelvolugraph

Dieser ist so ausgelegt, daß er die Aufzeichnungen in einem rechtwinkligen Koordinatensystem vornimmt, während bei dem zum USTER-Prüfer gehörenden Schreiber in bekannter Weise - bedingt durch den Aufbau des Drehspulmeßwerkes - die Diagramme bogenförmig verformt zur Aufzeichnung kommen.

Auf die gegebene gute Übereinstimmung wird durch eingebrachte Markierungen besonders hingewiesen. Absichtlich wurde ein nicht für die Produktion bestimmter, besonders ungleichmäßiger Wickel ausgewählt. Zusätzlich sind durch Aufbringen von Fasermaterial auf die der Speisewalze des Wickelvolugraphen zugeführte Watte Verdickungen und umgekehrt durch Entnahme von Faserbatzen auch Verdünnungen (Verminderungen des Wickelwattequerschnittes) vorgenommen worden. Beide Meßeinrichtungen reagieren in gleicher Weise und bringen die künstlich geschaffenen Unregelmäßigkeiten anschaulich zur Aufzeichnung.

4.4 Auswertung der Meßergebnisse

Die nachfolgend behandelten Gleichmäßigkeitsprüfungen an Schlagmaschinenwickeln wurden in verschiedenen Betrieben im Laufe von Jahren und mit verschiedenartigen Prüfeinrichtungen zur Durchführung gebracht. Angaben hierüber finden sich in den zugehörigen Abbildungen.

Die Beurteilung der Diagramme kann im einfachsten Falle auf Grund des subjektiven Eindrucks erfolgen. Das Schätzen der mittleren Ungleichmäßigkeit befriedigt jedoch dann nicht mehr, wenn vergleichend festgestellt werden soll, wie verschieden in einem Produktionsprozeß aufgestellte Schlagmaschinen arbeiten, welche materialbedingten Einflüsse und Veränderungen der Einstellung sich auf das Gesamtergebnis auswirken. Hier ist die Ermittlung von Zahlenwerten erwünscht, denen Aussagen über die gegebene Gleichmäßigkeit der Wickelwatte zu entnehmen sind. Diese werden durch entsprechende Auswertung der Diagramme oder direkt über an den Gleichmäßigkeitsprüfer angeschlossene Auswertgeräte gewonnen. Angaben über die verschiedenen, in der Praxis gebräuchlichen Verfahren der Auswertung von Gleichmäßigkeitsprüfungen sind der einschlägigen Literatur zu entnehmen [10, 11].

Soweit in diesem Forschungsvorhaben der Wickelvolugraph eingesetzt wurde, ist der Variationskoeffizient durch Anschluß eines MASING-Auswertgerätes bestimmt worden. Über seine Wirkungsweise sind unter Zugrundelegung der hierzu vom Herstellerwerk gemachten Angaben folgende Hinweise zu geben:

Das Gerät wird vom eigentlichen Prüfgerät, im vorliegenden Falle dem Wickelvolugraph, über einen Vorverstärker angesteuert. Es tastet die von der Meßbrücke gelieferte Spannung in zeitkonstanten Intervallen einstellbarer Länge ab. Nach den für die Aussagesicherheit der Auswertung geltenden Richtlinien soll der Meßpunktabstand nicht kleiner als die Stapellänge sein. Bei einer Prüfgeschwindigkeit des Wickelvolugraphen von 3,3 m/min und 2 Imp/sec folgen die Impulse in Abständen von ca. 27,5 mm. Die Klassenbreite wurde unter Berücksichtigung des jeweils angewandten Meßbereiches ($\pm$ 50 bzw. $\pm$ 25 %) so gewählt, daß eine möglichst gute Besetzung der Klassen zu erzielen war.

Die gezeigten Gleichmäßigkeitsdiagramme sind jeweils von rechts nach links zu lesen, so daß sich der rechte Diagrammanfang auf die Wickelaußenlagen, das linke Diagrammende auf den Wickelkern beziehen.

Die mit der Drehzahl-Fernmeßanlage zur Aufzeichnung gebrachten Kurvenbilder entsprechen - von rechts nach links gelesen - dagegen dem Materiallauf an der Schlagmaschine.

Soweit eine derartige Angabe von Interesse ist, bezeichnet auf den Abbildungen ein eingetragener Pfeil die mit dem Kurvenabschnitt vergleichbare Länge des Prüfgutes.

4.5 Drehzahl-Fernmeßanlage

Dem Muldenregler für die Speisewalze kommt die Aufgabe zu, deren Geschwindigkeit fortlaufend so nachzusteuern, daß auch bei Schwankungen in der Vorlage (Materialauflage auf dem der Speisewalze vorgelagerten Lattentuch) dem Schlagkreis in der Zeiteinheit immer die gleiche Fasermenge zugeliefert wird. Die Drehzahländerungen an der Speisewalze sind, sofern eine einwandfreie Regelung vorliegt, deshalb ein Abbild gegebener Gleichmäßigkeitsschwankungen.

Diese Überlegungen gaben Veranlassung, die Drehzahl der Speisewalze bzw. der ihren Antrieb bewirkenden oberen Kegelriemenscheibe mittels einer schreibenden Drehzahl-Fernmeßanlage zu überwachen. Zweckmäßig findet hierfür eine Drehzahl-Fernmeßanlage, die aus einer Gleichstrom-Gebermaschine und einem davon angesteuerten elektrischen Tintenschreiber besteht, Verwendung.

Die umlaufende Gebermaschine liefert einen Gleichstrom, dessen Größe proportional der Antriebsgeschwindigkeit ist. Die Anzeigeskala beginnt also mit Null. Vollausschlag des Tintenschreibers wird bei einer bestimmten, vorher festzulegenden Drehzahl der Gebermaschine erreicht, deren Spannung dann ausreichend ist, um im Drehspulsystem des Meßwerks den hierfür erforderlichen Strom zu erzeugen.

Entsprechend dem Aufbau des Kegelriementriebs erfolgt eine Drehzahlregelung nur innerhalb bestimmter Grenzen. Bei einem von Null aus anzeigenden Registriergerät werden deshalb auftretende Geschwindigkeitsänderungen nur verhältnismäßig kleine Ausschläge des Meßwerks bewirken. Ähnlich wie bei den vorbeschriebenen Gleichmäßigkeitsprüfern ist es deshalb erwünscht, mit unterdrücktem Nullpunkt zu arbeiten. Das läßt sich durch Verwendung einer Zusatzeinrichtung erreichen, die eine Gegenspannung liefert. Bei stehendem Drehzahlgeber versucht diese Gegenspannung das Meßwerk des Tintenschreibers entgegen seinem normalen Ausschlag zu verdrehen. Dieses wird dabei fest gegen einen Anschlag angelegt. Die der laufenden Gebermaschine entnommene Spannung muß nunmehr zunächst die Größe dieser Gegenspannung erreichen, ehe ein Ausschlag des Tintenschreibers zustandekommt. Das für Drehzahlmessungen am Muldenregler von Schlagmaschinen benutzte Gerät ist so aufgebaut, daß ausgehend von einer gewünschten, in der Größe ebenfalls einstellbaren Höchstdrehzahl die Gegenspannung so gewählt werden kann, daß die Messung entweder bei Null, bei 50 oder bei 75 % der Höchstdrehzahl beginnt.

Der dauernde Einsatz einer solchen Drehzahl-Fernmeßanlage mit Registriergerät für Schlagmaschinen bringt zweifellos den Vorteil, daß damit die Wirkungsweise des Muldenreglers laufend zu überwachen ist. Auch noch nachträglich können Störungen festgestellt werden, die beispielsweise durch falsche Einstellung des Kegelriementriebs, durch ungewollte Begrenzung der Ausschläge der Muldenhebeltastatur oder durch sonstige Störungen bedingt sind.

Wichtiger erscheint die Möglichkeit, auf diese Weise indirekt den Materialtransport in der Schlagmaschine zu kontrollieren. Auf- und abschwankende Drehzahlkurven zeigen an, daß entweder die Materialzufuhr von den Öffnersätzen zum Kastenspeiser nicht einwandfrei erfolgt, das Steiglattentuch und die dafür vorgesehenen Abstreifwalzen nicht einwandfrei arbeiten oder Störungen am Füllschacht auftreten.

Die dem Institut verfügbare Drehzahl-Fernmeßanlage mußte, um damit Untersuchungen an verschiedenen Schlagmaschinen durchführen zu können, so aufgebaut sein, daß sie leicht anzusetzen und wieder abzunehmen war. Auf die Welle des Drehzahlgebers wurde deshalb eine Scheibe mit einem Reibbelag aufgesetzt und die Anordnung schwenkbar auf einem Konsol aufgebaut. Dieses war mit einfachen Schraubzwingen am Gehäuse des Kegelriementriebs zu befestigen. Die Anordnung erfolgte dabei derart, daß die Reibscheibe mit dem großen Durchmesser der oberen Kegelscheibe in Berührung kam und dort entsprechend mitgenommen wurde (vgl. Abb.7).

A b b i l d u n g   7

Drehzahlgeber mit Reibradantrieb am oberen Riemenkonus des Muldenreglers zur Aussteuerung eines Tintenschreibers

Der Leistungsbedarf des Gebers ist gering. Der Reibbelag aus einem Spezial-Kunststoff vermittelt deshalb eine schlupflose Mitnahme. Fallweise wurden den jeweils gegebenen Verhältnissen entsprechend die Einstellung des Netzanschlußgerätes so vorgenommen, daß sich gut auswertbare Drehzahl-Diagramme ergaben.

5. Durchgeführte Untersuchungen

5.1 Auswirkungen des Fasergutes auf die Gleichmäßigkeit

Sofern in den vorgeschalteten Aggregaten (Blendern und Voröffnern) eine gleichmäßig gute Auflösung des Fasergutes bzw. der durch die Ballenpressung entstandenen Faserbatzen gegeben ist, kann damit gerechnet werden, daß sich bei der Verarbeitung von verschiedenartigen Baumwollen bezüglich der Wickelgleichmäßigkeit keine größeren Abweichungen ergeben.

Auch die Beimischung von Abfällen wird sich um so weniger auf die Wickelgleichmäßigkeit auswirken, je besser durch die Arbeitsprozesse bei der Vorauflösung eine gute Durchmischung erfolgt und die dem Kastenspeiser der Schlagmaschine zugeführte Flocke für das dem Ballen entnommene Fasermaterial den gleichen Auflösungsgrad erreicht wie das aus dem Abfall stammende.

Abbildung 8 bringt hierzu gegenüberstellend zwei mit dem Wickelvolugraphen aufgenommene Gleichmäßigkeitsdiagramme. Ein mit dem gleichen Maschinensatz erzeugter Wickel aus reiner Rohbaumwolle, die in diesem Falle allen vier Blendern vorgelegt wurde, ergab das obere Diagramm.

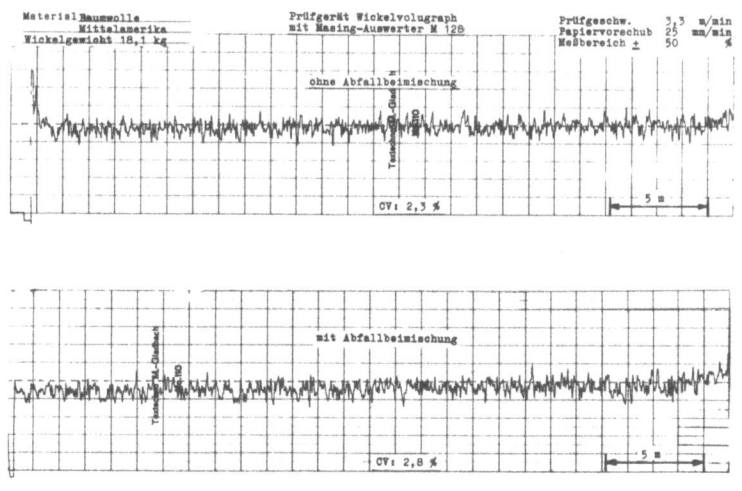

A b b i l d u n g   8

Einfluß der Beimischung von Abfall am Blender auf die Wickelgleichmäßigkeit

Der untere Kurvenzug gilt für die gleichzeitige Verarbeitung von Rohstoff und Abfall. Von den der Schlagmaschine vorgeschalteten Blendern wurden dabei zwei in normaler Weise vom Ballen aus beschickt, während bei den beiden anderen der Abfall zur Vorlage kam.

Bei Betrachtung und Vergleich der weiterhin gezeigten Abbildungen ist darauf zu achten, daß teilweise die Prüfeinrichtungen mit unterschiedlicher Empfindlichkeit betrieben wurden. Im vorliegenden Falle ist mit einer Einstellung von $\pm$ 50 % gearbeitet worden. Der angeschlossene MASING-Auswerter M 128 ermöglichte die Feststellung des Variationskoeffizienten, ohne daß es erforderlich geworden wäre, das Diagramm besonders auszuwerten. Bei dieser Auswertung ergibt die Zumischung von Abfall eine gewisse Verschlechterung der Ungleichmäßigkeit. Das kommt in dem ermittelten Variationskoeffizienten zum Ausdruck, dessen Wert 2,3 % für den aus Rohmaterial und 2,8 % für den aus Rohmaterial und Abfall hergestellten Wickel betrug.

Vielfach ist festzustellen, daß Abfall - insbesondere solcher, der durch Fehlwickel entsteht - dem der Schlagmaschine vorgeordneten Kastenspeiser direkt zugegeben wird. Ein solches Verfahren kommt vor allem dann zur Anwendung, wenn die Voröffnerzüge in einem anderen Raum oder in einer anderen Etage aufgestellt sind und sich für den Transport des Abfalls gewisse Schwierigkeiten ergeben.

Theoretisch wäre zu erwarten, daß dieses durch den Schlagflügel in der Schlagmaschine schon einmal aufgelockerte Fasermaterial bei der Überführung von Kastenspeiser zum Füllschacht und an der Speisewalze kein anderes Verhalten zeigt als das neu von den Voröffnern zugeführte Fasergut. Es sollte also angenommen werden, daß die Wickelgleichmäßigkeit hierdurch nicht bzw. nicht bemerkbar beeinflußt wird. Wenn sich bei den in Abbildung 9 gegenübergestellten Diagrammen für einen ohne und einen mit solchem Abfall hergestellten Wickel zeigt, daß doch bei der Verwendung von Abfall mit einer größeren Ungleichmäßigkeit zu rechnen ist, dann liegt hierfür zweifellos eine besondere Veranlassung vor.

Das Einspeisen von zusätzlichem Fasermaterial direkt in den Kastenspeiser wird zu Niveau-Schwankungen in der Faserfüllung führen. Trotz der vorgesehenen Abstreifvorrichtungen erfolgt dann das Einspeisen in den Füllschacht und die Belieferung der Speisewalze unter verschiedenen Voraussetzungen. Offenbar war im vorliegenden Falle der Muldenregler nicht in der Lage, durch entsprechende Veränderungen der Speisewalzendrehzahl

Seite 22

die durch Niveau-Schwankungen im Kastenspeiser bedingte ungleichmäßige
Zulieferung des Fasermaterials voll auszugleichen.

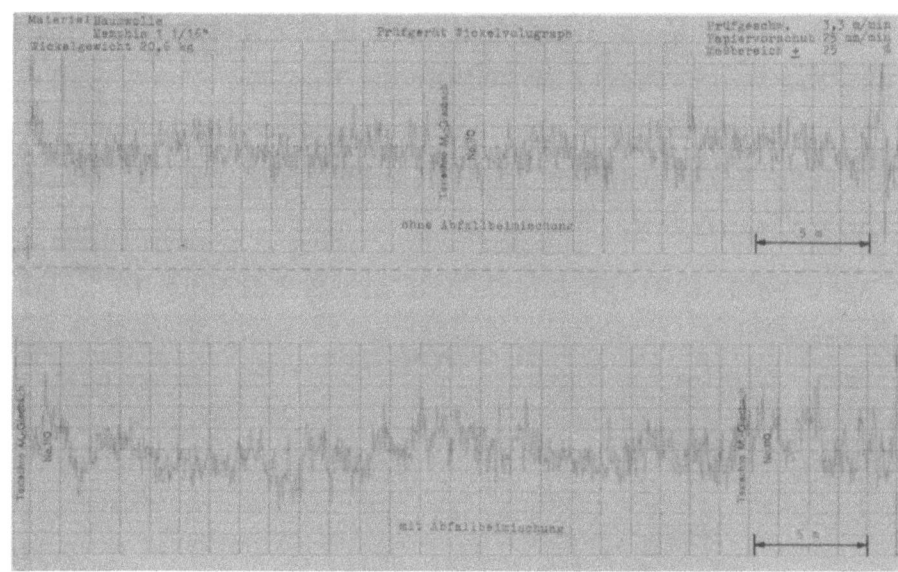

Abbildung 9

Einfluß der Beimischung von Abfall in den Kastenspeiser der
Schlagmaschine

Aus dieser Beobachtung sollte die Folgerung gezogen werden, daß Abfallmaterial nur über Blender und Voröffner der Schlagmaschine zugeführt wird, damit die im Kastenspeiser vorgesehene Steuervorrichtungen, welche für eine weitgehende Konstanthaltung des Füllungsgrades sorgen, nicht unwirksam werden.

Bei einem gegenüberstellenden Vergleich der Abbildung 8 mit der Abbildung 9 bleibt zu beachten, daß in diesem Falle mit einer Empfindlichkeitseinstellung für das Wickelprüfgerät von $\pm$ 25 % gearbeitet worden ist.

Für die Verarbeitung von Zellwolle hat zu gelten, daß die Auflösung im allgemeinen leichter vonstatten geht. Außerdem entfällt hier die Notwendigkeit der Reinigung. Zellwolle wird deshalb meistens nicht über die normalerweise für Baumwolle eingesetzten Maschinensätze geführt. Vielmehr finden besondere Zellwollaggregate Verwendung, bei denen auf Blender und Voröffner verzichtet wird.

Die Schlagmaschine eines Zellwollaggregates verfügt im allgemeinen über zwei hintereinander angeordnete Kastenspeiser. Die Zuführung zum ersten Kastenspeiser übernimmt ein längeres Lattentuch, auf das die in bekannter Weise dem Zellwollballen entnommenen Ballenschichten aufgelegt werden.

Bei Wickelprüfungen zeigt sich meist, daß die Gleichmäßigkeit von Zellwollwickeln etwas schlechter ist als die von Baumwollwickeln. Dies dürfte u.a. darauf zurückzuführen sein, daß durch die fehlenden Voröffner trotz der beiden Kastenspeiser die Zuführung des Fasermaterials zur Speisewalze nicht so gleichmäßig erfolgt wie bei Baumwolle. Der mit gewissen Trägheiten behaftete Muldenregler ist deshalb nicht in der Lage, einen vollen Ausgleich zu bewirken.

Diese Überlegung wird bestätigt durch die mit Abbildung 10 gegenübergestellten Diagramme.

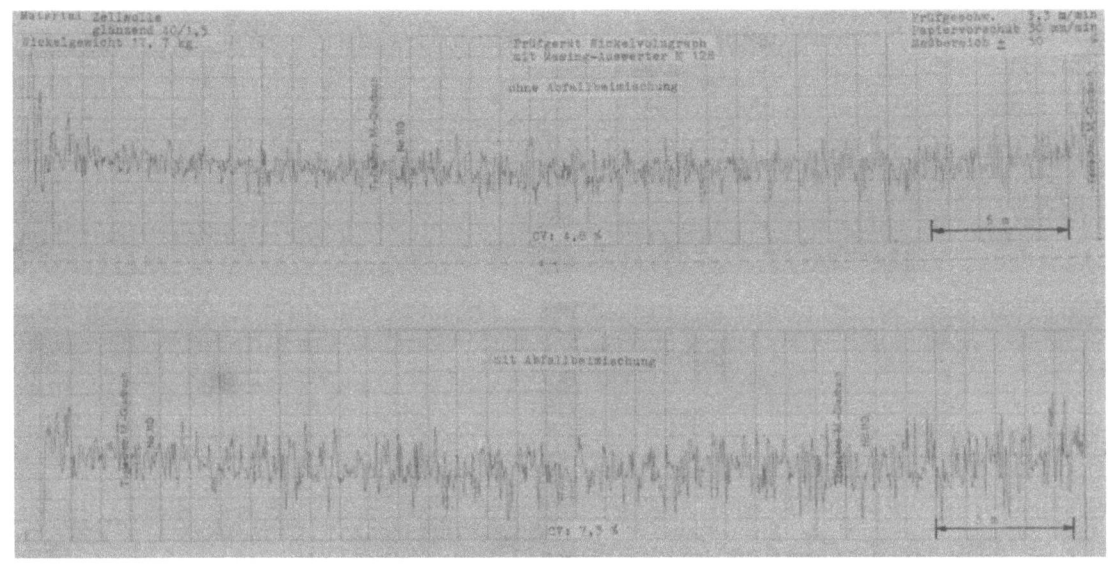

A b b i l d u n g   10

Einfluß der Beimischung von Abfall beim Verarbeiten von Zellwolle

Hier ist wieder, diesmal für Zellwolle zunächst normal, d.h. mit den vorgelegten Ballen entnommenem Rohstoff gearbeitet worden. Das obere Diagramm gilt hierbei für den hergestellten Wickel. Anschließend wurden größere Mengen von Abfall (Wickelwatte, Karden und Streckenbänder) auf dem Zuführtisch beigemischt. Dem Kastenspeiser ist also mit batzenförmigem Rohmaterial ein Faserstoff zugeführt worden, der schon eine weitgehende Auflösung erfahren hat.

Das führt zweifellos zu stark unterschiedlichen Vorgängen am Muldenregler. Die Muldenhebelapparatur wird, weil sie jetzt gleichzeitig härteres und weicheres Fasermaterial abzutasten hat, unruhig. Im vorliegenden Fall ist hierdurch ganz offenbar eine starke Erhöhung der Wickelungleichmäßigkeit bewirkt worden. Für den mit einer stärkeren Abfallbeimischung hergestellten Zellwollwickel gilt das untere Diagramm von Abbildung 10.

In diesem Falle zeigt sich sehr deutlich der nachteilige Einfluß einer stärkeren Abfallbeimischung.

5.2 Einfluß der Arbeitsweise der den Materialtransport bewirkenden Maschinenelemente und deren Einstellung

5.21 Schwankungen im Füllungsgrad des Kastenspeisers

Ein der eigentlichen Schlageinrichtung vorgeordneter Kastenspeiser soll dafür sorgen, daß über den zwischengeschalteten Füllschacht der Speisewalze das Fasermaterial in immer gleicher Menge zugeführt wird. Die Anlieferung des Fasermaterials von den Voröffnern erfolgt diskontinuierlich. Der Kastenspeiser muß deshalb über eine gewisse Materialreserve verfügen, von der aus das Steiglattentuch stetig gespeist wird.

Sinkt das Niveau der Kastenfüllung, dann erfolgt selbsttätig ein Nachfordern von weiterem Material. Die Zufuhr wird umgekehrt selbsttätig wieder abgestoppt, wenn die Niveau-Sollhöhe erreicht ist. Sind die Voröffner sofort auf Anforderung in der Lage neues Material nachzuliefern, dann wird beim fortlaufenden Arbeitsprozeß vermieden, daß die Kastenfüllung unter ein Mindestmaß absinkt. Bei Störungen in der Zufuhr kann es dagegen vorkommen, daß wegen einer zu geringen Materialmenge das Steiglattentuch zu schwach mit Fasern beschickt wird. Zwangsläufig sinkt dann die Materialsäule im Füllschacht ab, die Zufuhr zur Speisewalze vermindert sich und diese kann auch bei entsprechend schnellerem Lauf dem Schläger nicht mehr soviel Fasern anliefern, daß ein gleichbleibender Anflug an den Siebtrommeln gewährleistet ist.

Im allgemeinen sind keine besonderen Überwachungsvorrichtungen vorgesehen, welche die Schlagmaschinen in einem solchen Fall stillsetzen. Es kann deshalb durchaus vorkommen, daß durch Ausbleiben der Materialzufuhr von den Öffnersätzen her die Nummernhaltung in der Wickelwatte gestört wird. Abbildung 11 zeigt das Gleichmäßigkeitsdiagramm von einem Schlagmaschinenwickel, bei dem eine kurze Zeit die Materialzufuhr für den Kastenspeiser ausblieb, so daß das Niveau der Materialfüllung unzulässig abgesunken ist.

In solchen Fällen stimmt natürlich das Wickelgewicht nicht mehr mit dem Sollgewicht überein. Um Auswirkungen einer damit angezeigten Ungleichmäßigkeit zu vermeiden, sind nur solche Wickel weiter zu verarbeiten, deren Gewicht innerhalb vorgegebener Toleranzen liegt.

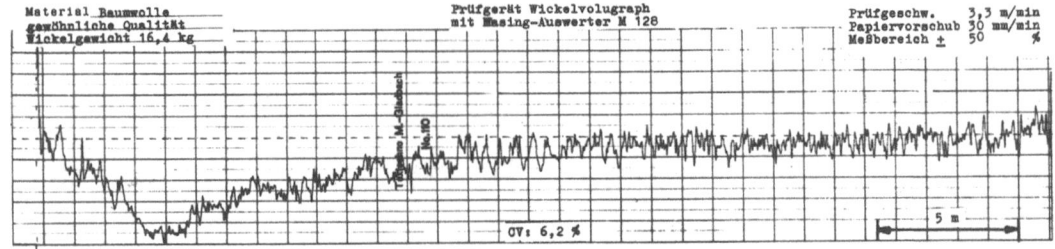

A b b i l d u n g   11
Einfluß des Materialniveaus im Kastenspeiser

<u>5.22 Füllschachteinstellung</u>

Im Füllschacht wird das vom Kastenspeiser her zugeführte Fasergut gesammelt und in gleichmäßiger Schichtung zur Speisewalze der eigentlichen Schlagmaschine weitergeleitet. Günstig erweist sich die Anwendung großer Füllschachthöhen, da hierdurch gleichzeitig noch eine gewisse Materialreserve gegeben ist. Zu verweisen bleibt diesbezüglich auf das mit Abbildung 2 gezeigte Schlagmaschinenaggregat.

Die Höhe der Kastenfüllung ist einer bestimmten Materialart durch Einstellung des richtigen Geschwindigkeitsverhältnisses zwischen Speisewalze und Steiglattentuch im Kastenspeiser anzupassen. Einer über dem Steiglattentuch angeordneten Rückstreifwalze kommt die Aufgabe zu, dem Steiglattentuch zuviel anhaftendes Fasermaterial abzustreifen und in den Kastenspeiser zurückzuführen. Es sind auch Anordnungen bekannt, bei denen eine besondere Rückführungswalze für zuviel in den Füllschacht eingebrachtes Fasermaterial vorgesehen ist. Sofern der Kastenspeiser gleichmäßig gefüllt bleibt, kann gelten, daß sich auch die Höhe der Materialsäule im Füllkasten gut konstant halten läßt.

Das aus dem Füllschacht austretende Fasermaterial wird durch ein Lattentuch übernommen und zur Speisewalze transportiert. Hierbei gilt es zu vermeiden, daß eine ungleiche Mitnahme erfolgt, Stauungen auftreten, einzelne Faserpakete zurückgehalten werden, dabei eine rollende Bewegung ausführen und verfilzen. Dieser Vorgang ist durch Verstellen einer unten am Füllschacht vorgesehenen Klappe zu beeinflussen, die das Fasermaterial mehr oder weniger breit austreten läßt. Günstigste Voraussetzungen werden zweckmäßig durch einen praktischen Versuch gefunden, wobei im allgemeinen - wie die Abbildung 12 zeigt - schon mit dem Auge zu erkennen ist, ob sich die Überführung des Fasergutes vom Füllkasten auf das Lattentuch und mit diesem zur Speisewalze in der gewünschten Weise vollzieht.

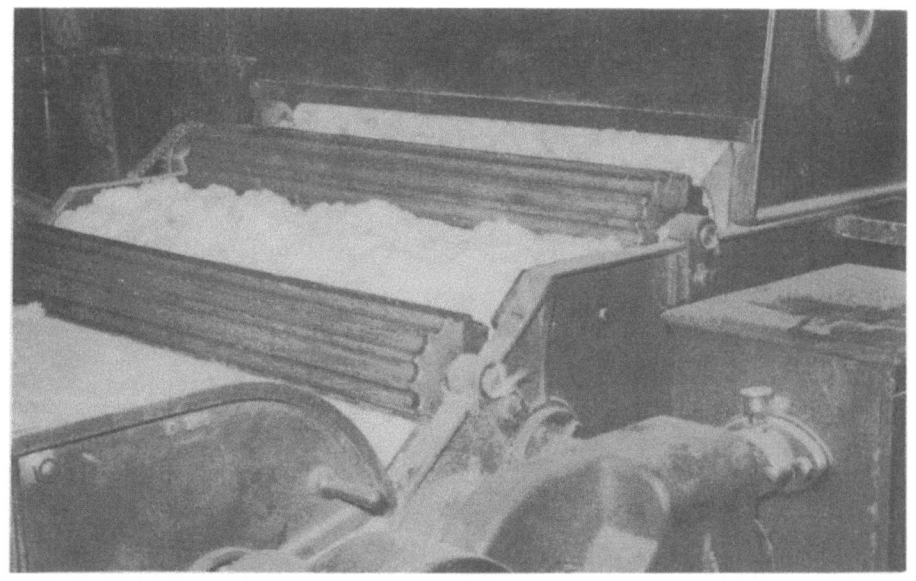

Abbildung 12

Auswirkung der Füllschachteinstellung auf die Materialauflage
am Lattentuch

oben: Unruhige Materialoberfläche bei ungünstig eingestelltem Füllschachtaustritt

unten: Beruhigung durch verbesserte Einstellung

Hier auftretende Störungen wirken sich nachteilig auf die Wickelgleichmäßigkeit aus. Das geht deutlich aus den in Abbildung 13 gegenübergestellten Gleichmäßigkeitsdiagrammen von Wickelprüfungen mit dem dafür eingesetzten Wickelvolugraph hervor.

Das obere Diagramm gilt für eine Einstellung der Klappe am Füllschacht die eine zu weite Austrittsöffnung ergibt. Dadurch wird das Fasermaterial vom Lattentuch ungleichmäßig mitgenommen. Außerdem bilden sich an

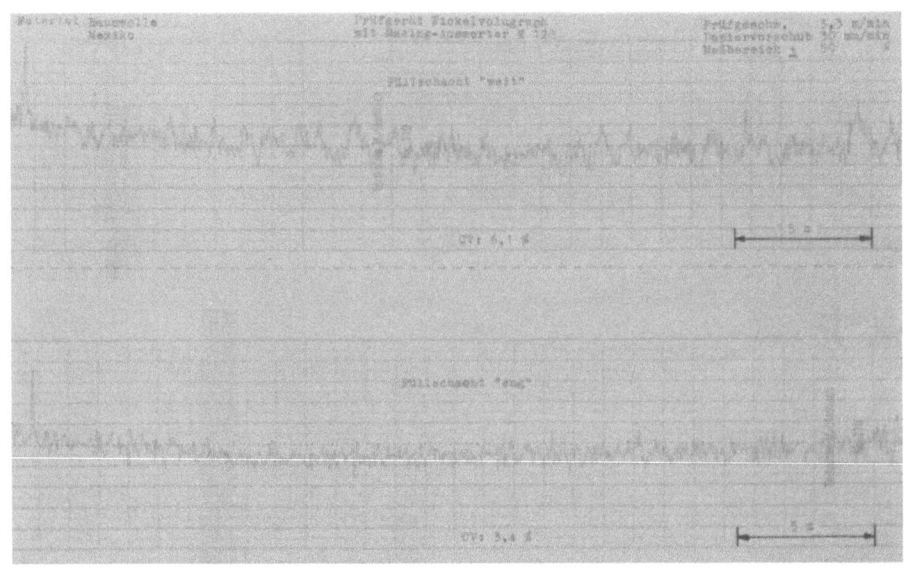

Abbildung 13

Auswirkung der Füllschachteinstellung

der Austrittsöffnung des Füllschachtes Faserpakete, die gegenüber der Bewegung des Lattentuches zurückbleiben. Es kommt dann zu Dickeschwankungen, die durch den Regeltrieb bzw. eine Veränderung der Speisewalzengeschwindigkeit nicht mehr ausgeglichen werden können.

Nach Verstellen der Klappe und Verkleinern der unteren Füllschachtöffnung konnte eine einwandfreie Materialführung erzielt werden. Das wirkt sich, wie das untere Diagramm von Abbildung 13 zeigt, entsprechend günstig auf die Wickelgleichmäßigkeit aus.

Um die Vorgänge am Füllschachtaustritt besser zu beherrschen, finden bei neuen Schlagmaschinen vielfach zwei Lattentücher Verwendung, zwischen denen das Fasermaterial geführt wird. Damit sind Stauungen und zufallbedingtes Zurückhalten einzelner Faserpakete mit Sicherheit zu verhindern (vgl. Abb.1). Stauungen im Füllschacht selbst bzw. ein unterschiedliches Nachrutschen der Materialsäule werden bei neuen Anlagen dadurch vermieden, daß eine Rüttelvorrichtung vorgesehen ist, die den Füllschacht in eine schwingende Bewegung versetzt. Gleichzeitig wird hiermit erreicht, daß durch Ausschaltung der Faserreibung an den Kastenwänden das weitgehend gleichbleibende Gewicht des Materials für eine gut gleichmäßige Materialdichte am Füllschachtaustritt sorgt.

5.23 Steuerung der Speisewalze durch den Muldenregler

5.231 Aufgaben und Wirkungsweise der Muldenhebelregulierung

In neuerer Zeit haben sich, insbesondere in der Kammgarnspinnerei, Regelstreckwerke eingeführt. Durch laufende Nachsteuerung des zwischen Einzugswalzen- und Lieferwalzenpaar eingestellten Verzugs soll damit ein Ausgleich von Dickeschwankungen für das ausgelieferte Fasermaterial erfolgen, mit dem das zugeführte Faserband behaftet ist. Die für die Schlagmaschine seit langem bekannte und praktisch auch noch heute unverändert angewandte Regulierung der Speisewalze hat die gleiche Aufgabe, wie sie für die entsprechenden Organe bei dem Regelstreckwerk vorliegt. Wie aus der einschlägigen Literatur ersichtlich ist [1, 2], wurden verschiedentlich Überlegungen und meßtechnische Untersuchungen darüber angestellt, inwieweit der bei der Schlagmaschine angewandte Regelmechanismus mit Muldenhebeltastatur und Kegelriementrieb den zu stellenden Anforderungen gerecht wird.

Eine Diskussion wird dabei vor allem darüber geführt, ob es möglich ist, von dem Regelmechanismus ausgehend, die Geschwindigkeit der Speisewalze immer genau so nachzusteuern, daß die dicke Stelle entsprechend langsamer, die dünne dagegen schneller dem Schlagkreis des nachfolgenden, die Auflösung bewirkenden Schlägers zugeführt wird. Beim Regelstreckwerk kommt bekanntlich ein "Gedächtnis" zur Anwendung. Dieses speichert die von einer Regelstrecke angeordneten Meßeinrichtung ermittelten Meßwerte über die Ungleichmäßigkeit des zugeführten Faserbandes. Einstellbar nach einer bestimmten Zeit wird dann vom Gedächtnis aus das Kommando für die Drehzahl-Steuerung des Lieferwalzenpaares gegeben und dadurch die Veränderung des Verzugs zwischen Einzugs- und Lieferwalzenpaaren im richtigen Moment bewirkt.

Mit einem solchen Gedächtnis sind dabei zusätzlich auch Trägheiten auszugleichen, die sich für den Antrieb des in der Geschwindigkeit zu verändernden Lieferwalzenpaares ergeben. Für die Schlagmaschinenregulierung werden derartige Einrichtungen bisher nicht angewandt. Hier kann damit gerechnet werden, daß immer praktisch gleiche Voraussetzungen gegeben sind und größere Verschiebungen des zeitlichen Abstandes zwischen aufgenommenem Steuerimpuls und bewirkter Drehzahländerung nicht erforderlich werden.

Durch entsprechende Formgebung der Muldenhebel kann erreicht werden, daß sich der hiervon gegebene Regelimpuls unter Berücksichtigung der für die Regelapparatur selbst und die Verschiebung des Kegelriementriebs gegebenen Trägheiten genau in dem Augenblick auswirkt, in welchem das Fasermaterial den von Speisewalze und Muldenschnabel gebildeten Klemmpunkt verläßt (vgl. hier die im Abschn. 5.232 gemachten Ausführungen).

Bekannt sind auch Ausführungen für die eigentliche Meßeinrichtung und die Zuführung des Fasermaterials zum Schlagkreis bei denen zwei Walzenanordnungen Verwendung finden. Die eine dient dabei zur Abtastung des Fasermaterials, während die zweite, nachgeordnete in ihrer Drehzahl geregelt wird.

Bei der Schlagmaschine kann damit gerechnet werden, daß sich zwischen Speisewalze und Siebtrommeln im Gegensatz zu einem einfachen Streckwerk verhältnismäßig viel Fasermaterial befindet. Dadurch ist ein gewisser Ausgleich für kurz folgende Dickeschwankungen gegeben, zumal - wie später noch auszuführen sein wird - den Siebtrommeln die Aufgabe zukommt, die in einem Luftstrom herangeführten Fasern bzw. Faserpakete so anzusaugen, daß sich eine gute Gleichmäßigkeit der hier gebildeten Wickelwatte ergibt. Bei einem einwandfreien Zustand und richtiger Einstellung der Muldenhebeltastatur und des zugehörigen Kegelriemenantriebs kann im allgemeinen gelten, daß über längere Zeiten bzw. größere Längen des vom Speiselattentuch am Füllschacht abgenommenen Fasermaterials verteilt auftretende Querschnittsschwankungen gut ausgeglichen werden.

Dagegen ist nicht zu erwarten, daß die Einrichtung so schnell reagiert, daß sie auch kurzfolgende Dickeschwankungen vollständig ausregelt.

Wird eine Überprüfung der Arbeitsweise des Muldenreglers durch Gleichmäßigkeitsprüfungen am Wickel vorgenommen, dann tritt zusätzlich auch die ausgleichende Wirkung an den Siebtrommeln in Erscheinung. Mit den nachstehend gemachten Ausführungen und den zugehörigen Diagrammen wird über das Ergebnis einschlägiger Untersuchungen zusammenfassend berichtet. Es wird dabei gezeigt, in welcher Weise der Muldenregler die ihm gestellten Aufgaben erfüllt. Dabei sind auch Störungen zu behandeln, die im praktischen Betrieb gelegentlich auftreten können.

5.232 Auswirkung der Regelapparatur auf die Wickelgleichmäßigkeit

Um die Wirkung der selbsttätigen Regelung aufzuzeigen, wurden zunächst die mit **Abbildung 14** wiedergegebenen Diagramme aufgenommen.

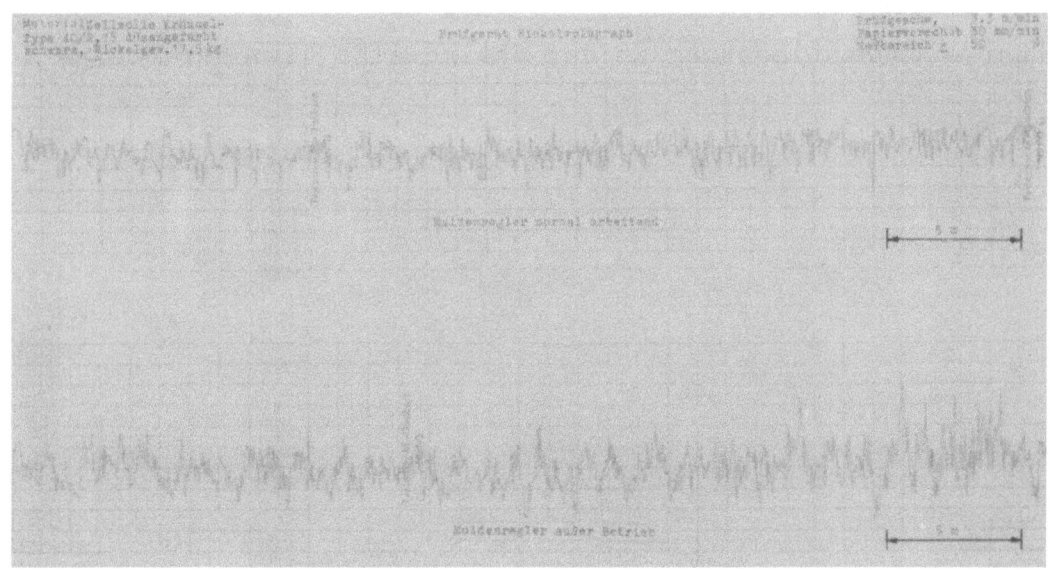

A b b i l d u n g   14

Wirksamkeit des Muldenreglers

Es zeigt der obere Kurvenzug die bei einem Zellwollwickel festgestellte Ungleichförmigkeit bei normalem Arbeiten der Regelapparatur.

Durch Arretieren der Riemengabel wurde der Regelmechanismus dann unwirksam gemacht, so daß die Speisewalze mit der vorgesehenen Drehzahl völlig gleichmäßig umlief. Das untere Diagramm von **Abbildung 14** läßt erkennen, daß hierdurch die Querschnittsschwankungen stark angewachsen sind. Ungleichmäßigkeiten in dem von der Einzugswalze mit konstanter Geschwindigkeit geförderten Material haben sich also trotz der zusätzlich ausgleichenden Wirkung der Siebtrommel in verhältnismäßig starkem Maße in die Wickelwatte hinein fortgesetzt.

Die Ermittlung der durch die Regelapparatur bewirkten Drehzahlschwankungen der Speisewalze gibt aufschlußreiche Einblicke in deren Wirkungsweise vor allem dann, wenn von einem angeschlossenen Tintenschreiber die Meßwerte fortlaufend und über größere Zeitabschnitte registriert werden. Die Aufzeichnung vermittelt dabei ein Bild von der Gleichförmigkeit der über Füllschacht und Lattentuch der Speisewalze zugeführten Fasermasse Jede hier vorliegende Schwankung wird in irgendeiner Weise im Drehzahl-Diagramm zum Ausdruck kommen. Eine solche Betriebskontrolle gibt deshalb eine Möglichkeit, die Vorgänge im Kastenspeiser bzw. die Materialzufuhr von den vorgeordneten Öffnersätzen her, die Wirkung des Füllschachtes und die Watteführung zwischen Füllschacht und Speisewalze fortlaufend zu kontrollieren.

Abbildung 15 zeigt mit dem oberen Diagramm die über etwa 80 Minuten durchgeführte Drehzahlmessung an der Speisewalze bzw. der oberen Konus-

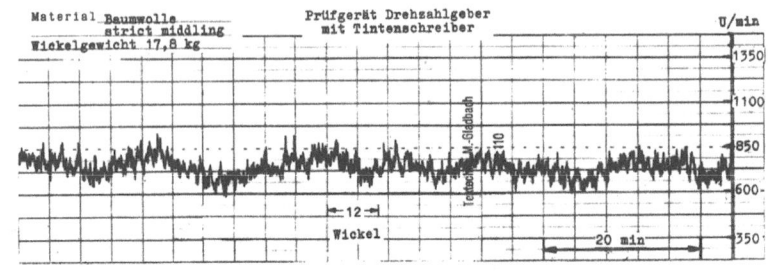

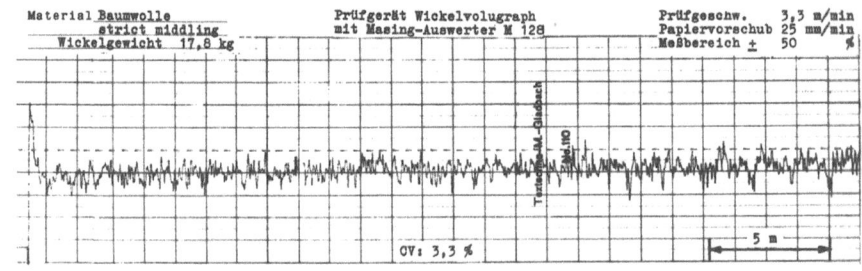

A b b i l d u n g   15

Drehzahl-Diagramm und Wickelgleichmäßigkeit

scheibe. Daraus ist ersichtlich, daß durch Drehzahländerungen über größere Zeitabschnitte auftretende Schwankungen in der Menge des zugeführten Fasermaterials ausgeglichen werden können.

Der gemachten Eintragung ist zu entnehmen, welche Diagrammlänge der Fertigung eines Wickels entspricht.

Deutlich sind auch kurzzeitigere Änderungen der Speisewalzendrehzahl erkennbar, die erforderlich werden, um über kleinere Materiallängen verteilte Schwankungen auszugleichen. Die nahezu periodisch auftretenden Drehzahlschwankungen stehen in Zusammenhang mit der Materialanforderung des Kastenspeisers. Da die Zuführung von den Öffnersätzen her diskontinuierlich erfolgt, ist immer damit zu rechnen, daß das Niveau der Kastenfüllung gewissen Schwankungen unterliegt. Die angewandten Steuerapparate mit Kontaktvorrichtungen oder Photozellenanordnungen für die Ansteuerung der Materialzufuhr haben dafür zu sorgen, daß diese Niveauschwankungen ein bestimmtes Maß nicht überschreiten bzw. jeweils rechtzeitig Material nachgefordert wird, wenn ein bestimmter Mindeststand unterschritten wird.

Mit dem unteren Gleichmäßigkeitsdiagramm von Abbildung 15 ist zu zeigen, daß die Speisewalzenregelung im vorliegenden Fall die ihr zugedachte Aufgabe erfüllt. Bei der Erzeugung des mit "12" bezeichneten Wickels wurde die Speisewalze von dem Muldenregler zu besonders großen Drehzahlschwankungen veranlaßt. Diese haben einen weitgehenden Ausgleich herbeigeführt und bewirkt, daß sich in der Vorlage vorhandene Ungleichmäßigkeiten nicht bis zur Wickelwatte fortsetzen konnten.

Nach den vorstehend gemachten Ausführungen ist jedoch anzunehmen, daß die Regelapparatur nicht ohne weiteres in der Lage ist, sehr kurz folgende Dickeschwankungen voll auszugleichen und daß auch trotz der Wirkung der Siebtrommeln dann mit entsprechenden Querschnittsschwankungen in der Watte des hergestellten Wickels gerechnet werden muß. Um das festzustellen, wurde bei einer versuchsweisen Überprüfung des Muldenreglers in der Weise vorgegangen, daß unmittelbar vor der Speisewalze in die Materialauflage auf dem Lattentuch Faserbatzen zugegeben oder dieser entnommen wurden. Die Gewichte dieser Materialmengen betrugen 100 g, 75 g, 65 g, 50 g und 40 g. Zur Kenntlichmachung und Wiederauffindung der entsprechenden Stellen in der auf Gleichmäßigkeit zu prüfenden Wickelwatte diente Stempelfarbe. Während der Einbringung der Ungleichmäßigkeiten wurde die Speisewalze mit einer Drehzahl-Fernmeßanlage überwacht, so daß die jeweilig verursachten Drehzahländerungen ermittelt werden konnten.

Mit Abbildung 16 wird der mit dem Tintenschreiber registrierte Drehzahlverlauf gezeigt. Bei einer Zugabe von 100 g sank die Drehzahl von im Mittel 700 U/min auf 400 U/min, bei einer Abnahme von 60 g war eine Erhöhung auf ca. 800 U/min zu verzeichnen. Die Zugabe von 75 g löste ebenfalls eine Drehzahländerung auf 400 U/min aus. Eine Materialentnahme von 40 g führte zu keiner nennenswerten Auswanderung des Kegelriemens. Auf die nächstkleinere Zugabe von 50 g reagierte der Kegelriementrieb mit einer Drehzahländerung auf 450 U/min. Eine Materialentnahme von 65 g ergab einen Anstieg auf 750 U/min. Die Zugaben und Entnahmen sind im Drehzahl-Diagramm entsprechend gekennzeichnet.

In dem dazu anschließend aufgenommenen und ebenfalls in Abbildung 16 wiedergegebenen Gleichmäßigkeitsdiagramm sind alle Ungleichmäßigkeiten wiederzufinden. Dabei überrascht die Feststellung, daß sowohl bei Materialentnahme wie auch bei Zugabe eine dünne Stelle entstand.

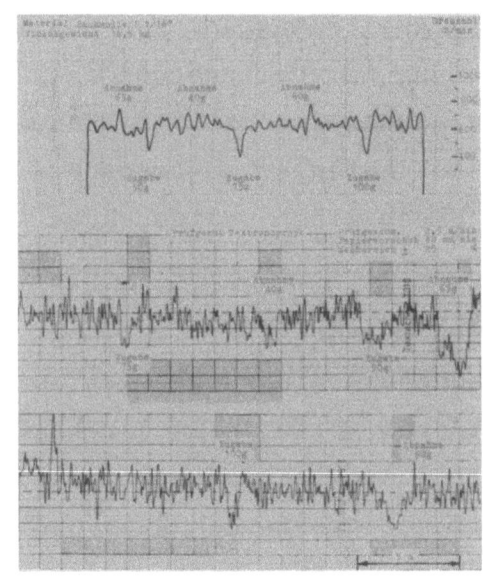

A b b i l d u n g   16

Geregelte Drehzahl und Wickelgleichmäßigkeit bei Veränderung der Materialzuführung von Hand

Für dieses Verhalten des Muldenreglers, das sich auf den ersten Blick zu widersprechen scheint, ergibt sich an Hand der Prinzipskizze Abbildung 17 für den Muldenregler folgende Erklärung:

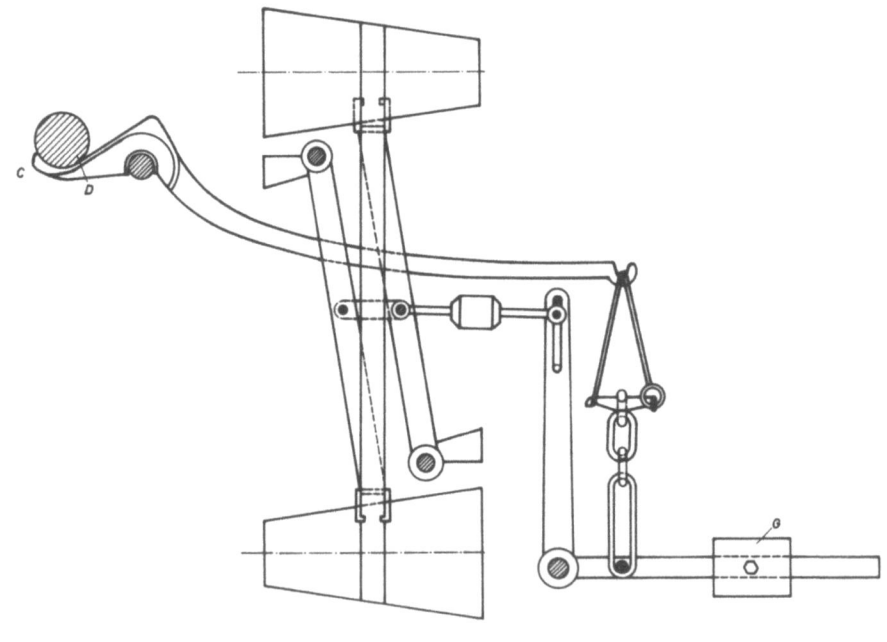

A b b i l d u n g   17

Prinzipbild des Muldenreglers

Das vom Zuführlattentuch kommende Material wird zwischen Speisewalze und der von den Hebelenden gebildeten Mulde zusammengepreßt und abgetastet. Die Mulde ist dabei so geformt, daß der vom Drehpunkt links liegende Teil des Muldenhebels beim Passieren einer Dickstelle bereits im Punkt D niedergedrückt wird. Zwangsläufig erfolgt über die miteinander verbundenen Hebel eine entsprechende Verschiebung der Riemengabel nach links. Da bereits im Punkt D abgetastet wird, folgt die Regulierung der Drehzahl zu einem Zeitpunkt, in welchem die Dickstelle noch nicht den Austrittspunkt C passiert. Die Speisewalze läuft bereits langsamer, obwohl sich noch die normale Wattemaße im Austritt des Muldenschnabels befindet. Somit wird dem Schlagflügel kurzzeitig zu wenig Material zugeführt, und es entsteht zwangsläufig eine dünne Stelle im Wickel. Nach Durchgang der dicken Stelle muß der Kegelriemen von der Kraft des Gewichtes G wieder nach rechts gezogen werden. Bei einer vergleichenden Betrachtung des Drehzahl- und des Gleichmäßigkeitsdiagrammes muß beachtet werden, daß die Fehler in umgekehrter Reihenfolge erscheinen.

Die Ursache für die fehlerhafte Arbeitsweise des Muldenreglers ist hier u.a. darin zu suchen, daß die Abtastung des Materials zu früh erfolgt. Eine Verbesserung könnte durch eine andere Formgebung des Muldenschnabels erzielt werden. Vorteile brachte auch eine Verschiebung des Gewichtes G, womit der Anpreßdruck und die Verstell- bzw. die Rückführkräfte für das Gestänge erhöht werden konnten.

Aus einer neuen Versuchsreihe stammt Abbildung 18. Hier handelt es sich um eine moderne Schlagmaschine mit überhöhtem Füllschacht und Doppellattentüchern zwischen Füllschacht und Speisewalze. Der Versuch des Einbringens von Wattebauschen mit einem bestimmten Gewicht wurde damit wiederholt.

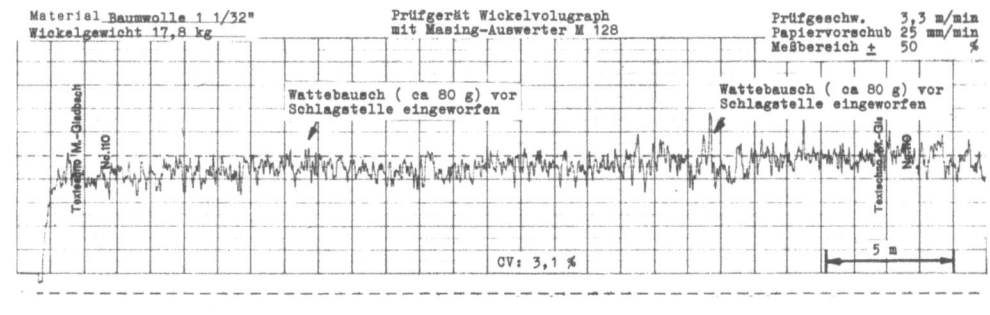

Abbildung 18

Wickelgleichmäßigkeit bei normal arbeitenden Muldenreglern

Die Überprüfung des Wickels zeigt, daß der Muldenregler nicht bei jedem der beiden eingebrachten Wattebäusche von 80 g in der Lage war, einen vollständigen Ausgleich der willkürlich herbeigeführten Verdickungen der Vorlage zu bewirken.

Das zur Verarbeitung kommende Fasermaterial wird eine unterschiedliche Bauschelastizität aufweisen. Trotz verhältnismäßig hohen Preßdrucks für die Muldenhebel muß damit gerechnet werden, daß eine Zusammenpressung nicht bis auf den Materialquerschnitt erfolgt, vielmehr abhängig von der Materialart an der Meßstelle mit einem unterschiedlich großen Luftvolumen gerechnet werden muß. Dies hat zur Folge, daß sich, auch bei gleichem Wattegewicht, die Abstände Speisewalze zu den Tastorganen der Muldenhebel nicht gleich einstellen und materialbedingt größer oder kleiner sind.

Der Einfluß der Bauschigkeit tritt auch in Erscheinung, wenn Wickelabfälle, die dem Rohmaterial wieder beigemischt werden, nicht genügend gleichmäßig verteilt dem Muldenregler zulaufen, sondern batzenförmig in der Materialvorlage vorhanden sind (vgl. dazu Abschn. 5.1).

Grundsätzlich ist das Übertragungsgestänge zwischen Muldenhebeltastatur und Kegelriementrieb derart einzustellen, daß bei der gewünschten Sollgeschwindigkeit der Speisewalze, die bestimmt wird durch das Metergewicht des zu erzeugenden Wickels, der Kegelriemen auf Kegelmitte läuft.

Werden die Muldenhebel durch unterschiedliche Dicke der Materialvorlage zu Bewegungen veranlaßt, so ergeben sich entsprechende Ausschlagveränderungen der Riemengabel. Gelangt nun ein Fasergut größerer Bauschigkeit gegenüber einer vorhergehenden Mischung mit geringerer Wattedicke bei gleichem Sollgewicht des Wickels zur Verarbeitung, so bedeutet das bei der vorhandenen Einstellung der Übertragungsgestänge, daß die Riemengabel relativ größere Ausschläge vollführen muß. Durch Veränderung von Hebelangriffspunkten in vorhandenen Kulissenführungen kann dann das für die vorliegenden Verhältnisse günstigste Arbeiten der Regelapparatur nachgestellt werden. Die gewährte Kulisseneinstellung gilt dann für die gegebene Bauschigkeit und die vorliegende Einstellung des Gewichtes G. Dabei ist zunächst keine Möglichkeit gegeben, sofort zu kontrollieren, ob getroffene Maßnahmen den gewünschten Regeleffekt ergeben. Die üblichen Wägungen der einzelnen Wickel geben keine Auskunft darüber, ob die Muldenhebelregulierung in diesem Sinne einwandfrei arbeitet, da bei den großen, in der Gewichtsbestimmung erfaßten Längen nur festgestellt werden kann, ob die im Mittel von der Speisewalze transportierte Fasermenge das Sollmaß aufweist.

Auch Meterwägungen werden kaum einen Aufschluß darüber geben, ob Drehzahländerungen an der Einzugswalze so vorgenommen werden, wie es den von der Muldenhebeltastatur aus gegebenen Kommandos entspricht. Eine Kontrolle der Arbeitsweise des Muldenreglers kann in der Weise vorgenommen werden, daß während einer bestimmten Zeit die Materialvorlage zur Speisewalze erhöht wird. Die Zugaben sollten dabei kontinuierlich erfolgen, so daß sich der Muldenregler auf diese Verhältnisse einstellen kann, ohne starke kurzfolgende Regelbewegungen auszuführen. Bei einer Metergewichtsbestimmung der Wickelwatte wird sich dann zeigen, ob der gewünschte Regeleffekt gegeben ist. Durch Materialverminderung ist anschließend zu überprüfen, ob sich die für einen Ausgleich erforderliche Drehzahlerhöhung für die Speisewalze ergibt. Gegebenenfalls ist ein Nachstellen des Regelgestänges vorzunehmen bzw. die Ursache für eine vorliegende Störung zu suchen.

Besser ist natürlich, durch eine fortlaufende Abtastung der auf einer zu überprüfenden Schlagmaschine erzeugten Wickelwatte mit den in Abschnitt 4 beschriebenen Meßgeräten in diese Vorgänge Einblick zu gewinnen. Abbildung 19 zeigt hierzu Teilabschnitte der Gleichmäßigkeitsdiagramme von zwei vergleichend hergestellten Wickeln, wobei in dem einen Fall zwischen Muldenhebeltastatur und Riemenverschiebevorrichtung eine große, im anderen Falle dagegen eine kleine Übersetzung eingeordnet war.

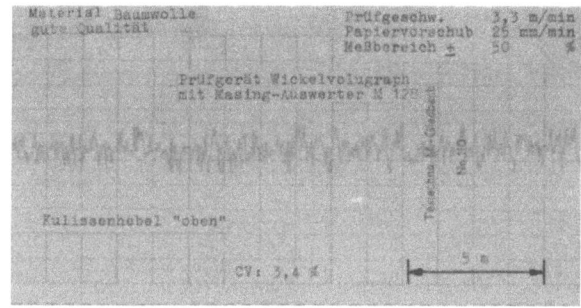 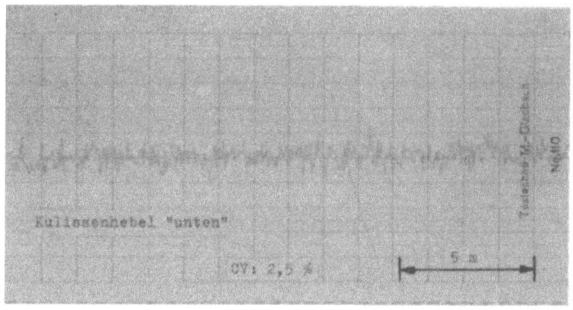

A b b i l d u n g   19

Auswirkung der Kulissenverstellung auf die Wickelgleichmäßigkeit

Es erweist sich, daß bei dem oberen Diagramm zweifellos eine Überregelung vorlag, so daß der gewünschte Ausgleich nicht erfolgen konnte.

Nach den vorstehend behandelten Versuchsergebnissen ist für die Erzielung einer gleichmäßigen Ablieferung von Fasermaterial auf der Speisewalze wichtig:

    das einwandfreie Spiel der Muldenhebel, damit ein gleichbleibender Preßdruck für das Fasermaterial über die gesamte Wattebreite weitgehend gegeben ist, eine Einstellung des Übertragungsgestänges derart, daß durch Materialverdickungen oder dünne Stellen der Speisewalze jeweils eine solche Drehzahländerung vermittelt wird, die einen vollen Ausgleich bewirkt,

die Übereinstimmung der für die Regelung gegebenen Trägheiten mit der Zeit, die das Material benötigt, um von der eigentlichen Meßstelle bis zum Muldenschnabel zu wandern,

die Schaffung gleicher Voraussetzungen für eine kurzzeitig zu bewirkende Drehzahlverminderung - bei dicken Stellen in der Materialvorbereitung - und einer Drehzahlerhöhung (bei zu geringer Materiallieferung).

5.233 Störungsmöglichkeiten

Die selbsttätige Regulierung kann selbstverständlich nicht in der vorgesehenen Weise arbeiten, wenn die Muldenhebeltastatur verschmutzt ist oder im Gestänge für die Riemenführung Verklemmungen auftreten. Der Riemen wird dann nicht oder verzögert bzw. gedämpft den von der Materialdichte abzunehmenden Steuerbewegungen folgen. Der Muldenregler bleibt natürlich auch dann unwirksam, wenn bei falscher Gestängeeinstellung die Riemengabel dauernd oder zeitweise in eine Endlage geführt wird und dort verbleibt. In gleicher Weise wirkt sich eine Blockierung des Hebelgestänges aus, wenn das die Belastung der Muldenhebel erzeugende Gewicht am Boden aufliegt. Bei einer ordnungsgemäßen Betriebsführung wird eine Gewähr dafür gegeben sein, daß solche Störungsmöglichkeiten mit Sicherheit ausgeschlossen sind.

Interessant ist eine bei der Kontrolle von Schlagmaschinen bzw. bei Gleichmäßigkeitsprüfungen von Wickeln gemachte Beobachtung. Danach mußte eine in periodischer Folge wiederkehrende Gleichförmigkeitsschwankung im Wickel auf eine schlagende Speisewalze zurückgeführt werden. Ein unrunder Lauf wird selbstverständlich dazu führen, daß die Muldenhebel Bewegungen ausführen und dadurch ausgelöst der Kegelriementrieb eine Drehzahländerung an der Speisewalze vornimmt, auch dann, wenn das geförderte Fasergut eine völlig gleiche Dicke aufweist.

Abbildung 20 zeigt die mit der Drehzahl-Fernmeßanlage aufgenommenen periodischen Schwankungsspiele, die mit der regelmäßigen Hin- und Herführung des Kegelriemens auf den Konusscheiben in Übereinstimmung steht. Die in diesem Falle zu erwartenden Schwankungsspiele im Gleichmäßigkeitsdiagramm sind also auf Störungen des Gleichlaufs zwischen Zulaufwalze und Siebtrommel zurückzuführen.

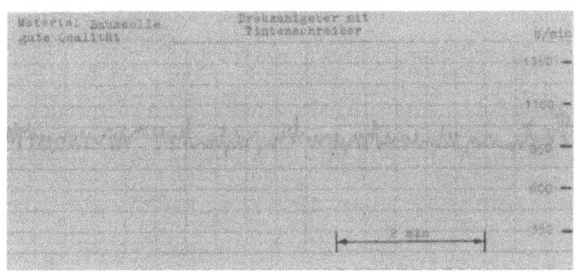

A b b i l d u n g   20

Schlagende Speisewalze (Drehzahlmessung)

5.24 Siebtrommelanflug

Der Siebtrommelanordnung ist die Aufgabe gestellt, das vom Schlagflügel an der Speisewalze abgeschlagene Fasermaterial abzusaugen und dieses zu veranlassen, sich zwecks Bildung einer endlosen Watte gleichen Querschnittes an begrenzten Mantelstücken der beiden Siebtrommeln gleichmäßig abzulagern. Hierbei kann angenommen werden, daß durch Abdecken einer Reihe von Löchern der Siebtrommeloberfläche mit Fasermaterial die Sogwirkung an den noch freien Öffnungen größer wird und Veranlassung gibt, daß sich auch hier ein entsprechender Anflug bildet. Die Praxis zeigt, daß diese ideale Arbeitsweise meist nicht erreicht wird. Die Fasern bewegen sich vielmehr im allgemeinen in Richtung auf den Klemmpunkt zwischen den beiden Siebtrommeln und werden von dort aus mit den gegebenen Umfangsgeschwindigkeiten erfaßt, zusammengedrückt und dem Kalander zugeführt.

Maßgeblich für den Fasertransport in der eigentlichen Schlagmaschine bzw. zu den Siebtrommeln ist die Größe des erzeugten Saugluftstromes. Dieser ist abhängig von der Ausbildung der den Siebtrommeln zugeordneten Ventilatoren bzw. von der für diese angewandten Drehzahl. Zweifellos ergeben sich für die Arbeitsweise der Siebtrommel bessere Voraussetzungen, wenn der Saugluftstrom erhöht wird. Grenzen hierfür sind gesetzt dadurch, daß die Löcher eine bestimmte Größe haben müssen, um der Luft den Durchtritt zu gewähren, andererseits verhindert werden muß, daß auch Fasern in den Abluftstrom gelangen. Hinzu kommt, daß die Größe des Saugluftstromes bei den meistens herkömmlichen Bauarten von Schlagmaschinen die Menge des unter dem Schlägerrost anfallenden Abfalls (Schalen und Kurzfasern) bestimmt. Durch Verbesserung der Luftführung wird deshalb versucht, eine Beeinflussung des Reinigungseffektes durch den im Schlägerraum bestehenden Unterdruck weitgehend zu vermeiden. Der

Unterdruck und die damit zusammenhängende Sogwirkung ist natürlich nicht allein durch die Art des Ventilators und die Ventilatordrehzahl bestimmt. Einfluß nehmen hierbei vielmehr auch noch die Druckverhältnisse in nachgeordneten Filterschläuchen bzw. in Staubkellern. Mitunter ist zu beobachten, daß durch Verschmutzen der Schläuche bzw. durch Luftstauungen und Luftwirbel der Gegendruck in den Räumen stark anwächst, in welche die von den Ventilatoren abgesaugte Luft hineingeblasen wird.

Hier ist dafür zu sorgen, daß ein zu starker Druckanstieg nicht erfolgt und immer gleichbleibende Verhältnisse gegeben sind.

Insbesondere bei größeren Anlagen ist die Anordnung einer schreibenden Luftdruckmeßanlage zu empfehlen, die den sich ausbildenden Überdruck in einem Staubkeller fortlaufend anzeigt und rechtzeitig erkennen läßt, wenn durch zu starken Druckanstieg die Saugwirkung an den Siebtrommeln nachläßt und für die Bildung der Wickelwatte ungünstigere Voraussetzungen gegeben sind.

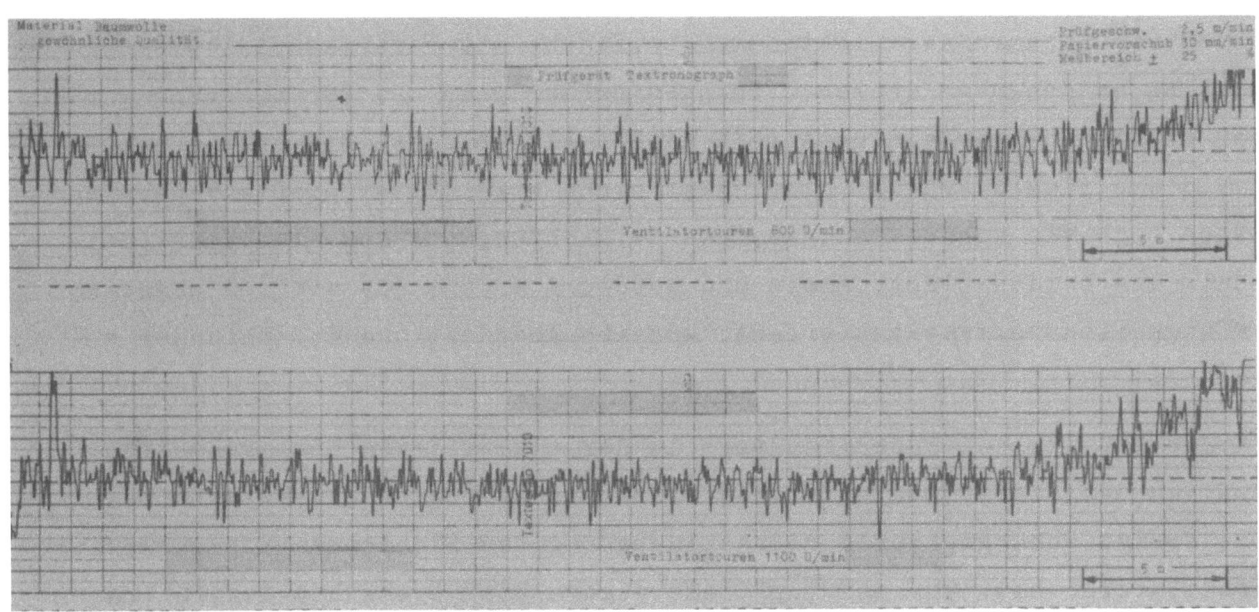

Abbildung 21

Einfluß der Drehzahl des Siebtrommelventilators auf die Wickelgleichmäßigkeit

Abbildung 21 zeigt in diesem Zusammenhang die Abhängigkeit der Wickelgleichmäßigkeit von dem Unterdruck an den Siebtrommeln, der mit der Ventilatordrehzahl in funktionellem Zusammenhang steht. Sind über die gesamte Breite der Siebtrommeln gleiche Voraussetzungen gegeben, dann wird sich das auf den Faseranflug günstig auswirken. Fehler in der Siebtrommeloberfläche bzw. verstopfte Löcher führen natürlich dazu, daß der Faseranflug ungleichmäßig erfolgt. Die Luft wird durch beiderseits der Trommel angeordnete Saugstutzen abgesaugt. Dadurch ist der Unterdruck an den Löchern in der Mitte der Siebtrommel geringer als außen. Das kann dazu führen, daß die Wickelwatte über ihre Breite gesehen nicht gleichmäßig ausfällt.

Der für die Untersuchungen eingesetzte, mechanisch-elektrisch arbeitende Wickelprüfer wurde deshalb auch benutzt, um Querteste auszuführen. Leider ist er hierfür nicht ohne weiteres geeignet, da durch den verwendeten motorischen Antrieb mit Zwischengetriebe die Prüfgeschwindigkeit festliegt (3,3 m/min) und auch das Diagrammpapier des Tintenschreibers nicht schneller bewegt werden konnte als 120 mm/min.

Von älteren Schlagmaschinen stammen die mit Abbildung 22 gezeigten, auf diese Weise aufgenommenen Wickelquerteste.

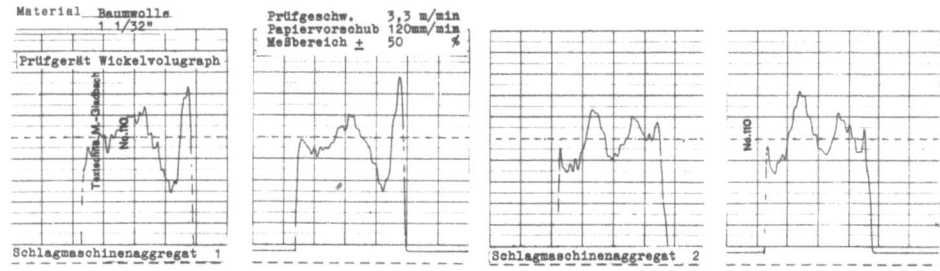

A b b i l d u n g   22

Wickelquertest

Sie lassen deutlich erkennen, daß eine stark ungleichmäßige Verteilung der Fasermasse vorliegt. Der Nachweis dafür, daß es sich nicht um eine Zufallserscheinung handelt bzw. die beobachtete Tendenz nur für kleine Wickelwattenlängen gegeben ist, wurde in allen Fällen dadurch erbracht, daß jeweils zwei aus der Wickelbahn herausgeschnittene 1 m lange Wickelstücke in Querrichtung getestet wurden.

Eine andere Möglichkeit, solche Querteste durchzuführen, ist mit der Karde gegeben. Die in Querrichtung zu prüfende und entsprechend herausgeschnittene Wickelwatte wird hier am Zuführtisch einer Karde angelegt.

Zweckmäßig wird dabei der Arbeitsprozeß nicht unterbrochen, um zu erreichen, daß die Kardengarnitur immer gleich aufgefüllt bleibt. Die Karde hat praktisch keinerlei Speicherwirkung. Ungleichmäßigkeiten im Wickel setzen sich deshalb auch in das Kardenband fort. Wird dessen Gleichmäßigkeit durch Einschalten des Meßkondensators eines Hochfrequenz-Gleichförmigkeitsprüfgerätes vor dem Kannenstock abgetastet, dann läßt sich auf diese Weise über das Kardenband ein Wickelquertest durchführen.

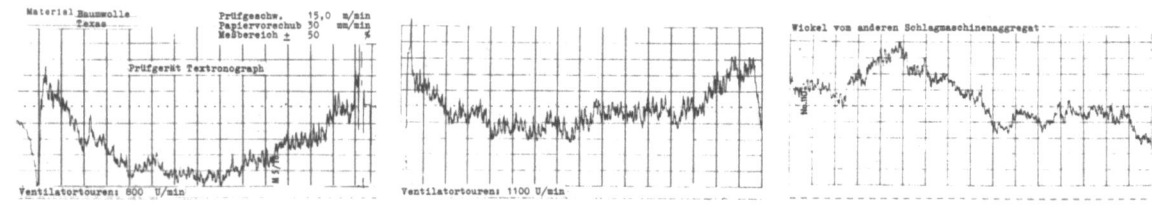

A b b i l d u n g   23

Wickelquertest indirekt aufgenommen durch Überprüfung des Kardenbandes

Abbildung 23 bringt nebeneinander angeordnet die Diagramme von drei solchen indirekten Prüfungen über die Gleichförmigkeit der Wickelwatte in Querrichtung. Auch hier zeigen sich wieder größere Unterschiede, die erkennen lassen, daß an den Siebtrommeln offenbar keine idealen Verhältnisse vorliegen.

Beim Abstellen des Materialtransports zum Zweck der Wickelabnahme oder bei Betriebsstörungen wird das noch im Schlägerraum bzw. auf dem Weg zu den Siebtrommeln befindliche Fasermaterial von dem weiterhin aufrechterhaltenen Saugluftstrom an die Siebtrommeln angesaugt. Zwangsläufig führt das zu einer Materialanhäufung und hat zur Folge, daß sich später nach Wiederanlaufen der Maschine in der Wickelwatte eine entsprechende Verdickung ausbildet.

Solche auf sehr kurze Wickelwattenlängen auftretenden Verdickungen sind bei Wickeln zu finden, die von Hand abgenommen werden, wobei zwangsläufig der Materialtransport der Schlagmaschine abgestellt werden muß. Die Verdickungen finden sich im allgemeinen etwa 1 1/2 m von dem an der Wickelstange liegenden Wickelanfang entfernt. Dieses Maß entspricht der Länge der Wickelwatte, die zwischen Siebtrommel, Kalander und Wickelvorrichtung beim Abstellen bzw. Abnehmen des vollen Wickels verbleibt.

Abbildung 24 zeigt mit dem oberen Diagramm eine auf die gesamte Wickellänge durchgeführte Gleichförmigkeitsprüfung mit einer der oben erwähnten, vom Stillsetzen herrührenden Verdickung. Darunter sind Ausschnitte einer Reihe von weiteren Gleichförmigkeitsprüfungen zur Darstellung gebracht, die jeweils den Anfang der Wickelwatte erfassen.

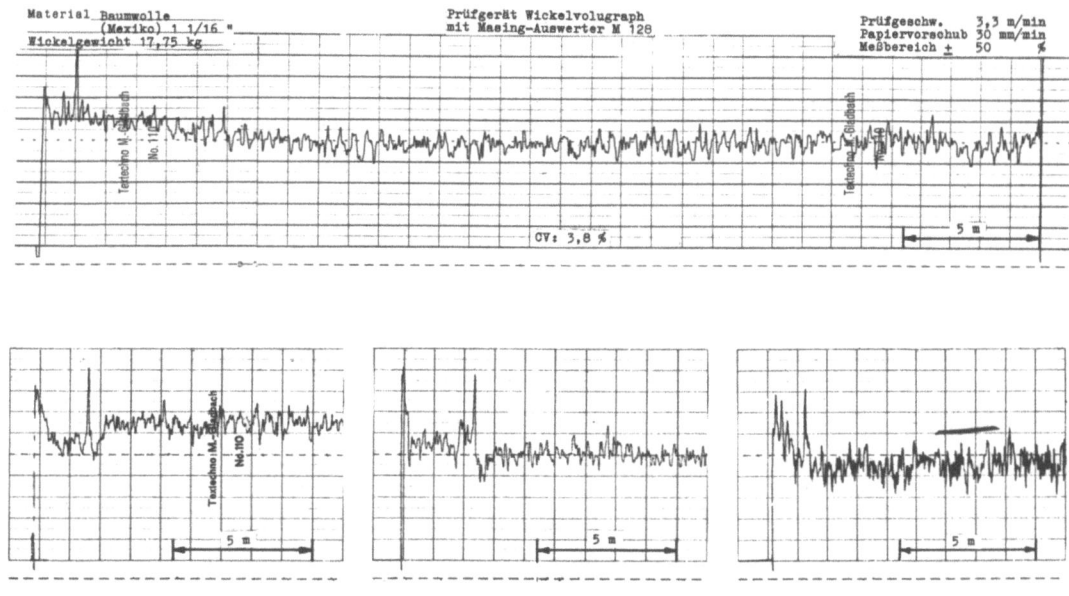

A b b i l d u n g   24

Watteverdickung durch Stillstand der Schlagmaschine bei Wickelabnahme
von Hand

Selbstverständlich ist eine solche Verdickung auch dann in einem Wickel
festzustellen, wenn aus betrieblichen Gründen der Materialtransport bzw.
beim Ausbleiben des Stromes die gesamte Schlagmaschine zum Stillstand
kommt und später wieder angefahren wird. Einer Dickstelle müßte zwangsläufig auch eine entsprechende dünne Stelle in der Wickelwatte folgen.
Das tritt bei den Diagrammen nicht besonders anschaulich in Erscheinung,
was darauf zurückzuführen sein dürfte, daß sich die Verdickung auf eine
verhältnismäßig kurze Wattelänge, das Wiederaufholen auf die richtige
Materialstärke sich dagegen über ein etwas längeres Wattestück verteilt.

5.25 Verzug zwischen Kalander- und Wickelvorrichtung

Um Stauungen der zwischen Kalander und Wickelvorrichtung geführten Wik-
kelwatte zu vermeiden, wird dort mit Anspannung gearbeitet, d.h., die
dem Wickel durch die Wickelwalzen erteilte Umfangsgeschwindigkeit liegt
etwas höher als die Liefergeschwindigkeit des Kalanders. Die Größe des
gegebenen Geschwindigkeitsunterschiedes beträgt im allgemeinen 3 %. Dadurch wird vermieden, daß es zu ausgesprochenen Verzugserscheinungen
kommt. Natürlich ist damit zu rechnen, daß die Wickelwatte eine entsprechende Längenänderung erfährt, die beim Abwickeln unter einer gewissen
Spannung auch am Vorlagetisch der Karde nicht durch elastische Rückwir-
kungen wieder ausgeglichen werden kann.

Bei Neuanlegen eines Wickels ist keine Gewähr dafür gegeben, daß dieser Getriebeverzug sofort entsprechend wirksam wird. Erfolgt das Anlegen derart, daß die Wickelwatte zunächst zwischen Kalanderwalzen und Aufwindepunkt einen kleinen Durchgang erfährt, dann wird es eine bestimmte Zeit dauern, bis dieser Durchgang ausgeglichen ist und sich in der Wickelwatte die Zugspannung ausbildet, die den vorliegenden Materialeigenschaften und dem eingestellten Getriebeverzug entspricht. Die Folge davon ist in diesem Teil des Wickels eine etwas gröbere Nummer.

Beim Anlegen der Wickelwatte zwecks Bilden eines neuen Wickels ergeben sich auch Schwierigkeiten dadurch, daß der Durchmesser der Wickelstange im allgemeinen verhältnismäßig klein ist. Bei der gegebenen Wattedicke ist eine relativ große Durchmesseränderung für die Ansatzstelle nicht zu vermeiden. Auch hat zu gelten, daß die Watte vielfach umschlägt und hierdurch ein noch stärkerer Auftrag bewirkt wird.

Wird der fertige Wickel von der Maschine abgenommen, dann sind oft große Kräfte erforderlich, um die Wickelstange aus dem Wickelkern herauszuziehen. Das kann zu Faserverschiebungen und zu einer Zerstörung der inneren Lagen führen. Auch ist zu beobachten, daß das Material nachgibt bzw. die nach Herausnehmen der Wickelstange sich bildende Öffnung weitgehend schließt. Das führt zu Schrumpfeffekten und zu einer zusätzlichen Faltenbildung, was zur Folge hat, daß sich später beim Abrollen des Wickels auf der Karde die Innenlagen als zu grob in der Nummer erweisen und zur Auslieferung eines Kardenbandes entsprechend größeren Querschnittes führen.

Derartigen Schwierigkeiten ist durch Verwendung von Hülsen entgegenzuwirken, die über den Wickeldorn aufgeschoben werden und im Wickel verbleiben bis dieser auf der Karde abgerollt und aufgebraucht ist.

Mit Abbildung 25 ist dazu eine Wickelprüfung (Metergewichtsbestimmung) beispielhaft aufgeführt, die das Ansteigen der Metergewichte im Wickelinneren veranschaulicht.

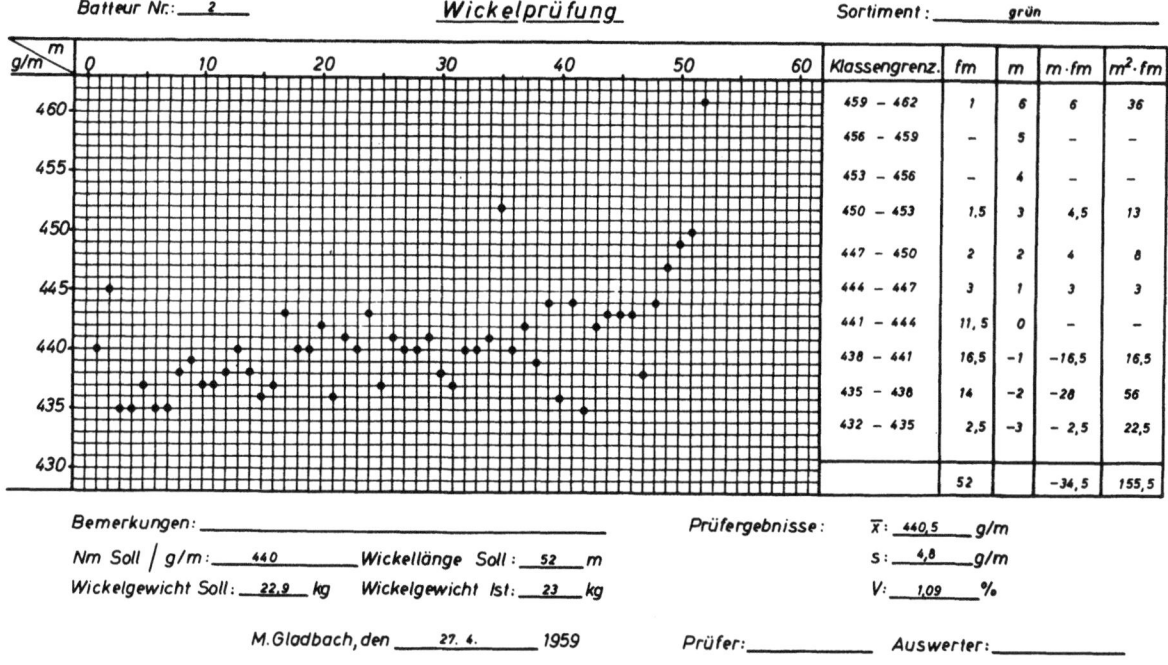

A b b i l d u n g   25

Verdickung der Watte am Wickelanfang
(Meterprüfung)

5.26 Kalanderdruck

Der im Materiallauf den Siebtrommeln nachgeschaltete Kalander hat die Aufgabe, das nunmehr in Watteform vorliegende Fasermaterial zu pressen, es damit zu verdichten und gleichzeitig zu glätten. Die gewünschte Beeinflussung der Oberfläche wird dabei dadurch erreicht, daß die übereinanderliegenden Kalanderwalzen nicht gleich schnell umlaufen. Durch den angewandten Zahnrad-Antrieb bzw. unterschiedliche Durchmesser wird erreicht, daß die Umfangsgeschwindigkeit der oberen Walzen geringer ist als die der unteren Walze, von der die gepreßte Watte abgenommen und der Wickelvorrichtung zugeführt wird.

Eine Erhöhung des Preßdrucks führt zweifellos dazu, daß sich die dem Kalander zugedachte Wirkung vergrößert. Unbedingt anzustreben ist eine glatte Oberfläche der Wickelwatte, da hierdurch die Neigung vermindert wird, daß sich die einzelnen Lagen verfilzen und beim Ablauf des Wickels an der Karde zu Störungen führen (Blättern des Wickels). Eine Verminderung des Volumens der ausgelieferten Watte gibt die Möglichkeit, härtere Wickel mit größerem Gewicht für einen bestimmten Außendurchmesser zu erzeugen. Andererseits bleibt zu beachten, daß bestimmte Materialien eine starke Bauschelastizität aufweisen. Diese wird später im fertigen Wickel wirksam werden und dazu führen, daß sich die Innenlagen auszudehnen versuchen. Das führt, wie nachstehend noch zu behandeln sein wird, unter Umständen zu einem Platzen der Außenlagen und damit zu Schwierigkeiten bei der Abnahme der Watte vom Wickel auf der Karde und zu unerwünschten Verzugserscheinungen.

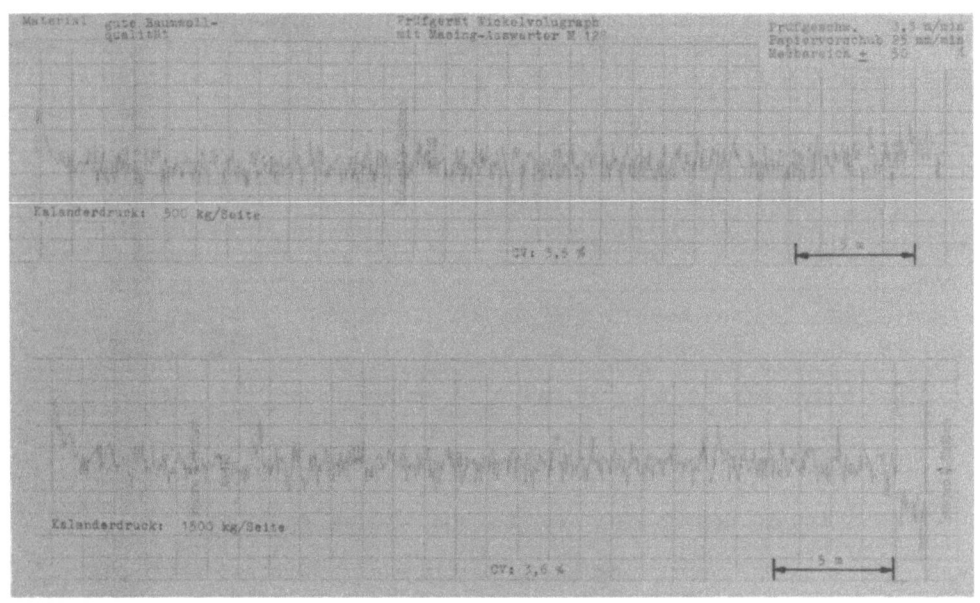

A b b i l d u n g   26

Einfluß des Kalander-Preßdrucks

Abbildung 26 bringt in diesem Zusammenhang zwei Kurven mit den Ergebnissen von Gleichmäßigkeitsprüfungen an Wickeln, die unter sonst gleichen Voraussetzungen mit unterschiedlichem Preßdruck an den Kalanderwalzen erzeugt wurden. Wie zu erwarten, führte das zu keiner bemerkbaren Veränderung der Wattegleichmäßigkeit, wohl aber zu einem unterschiedlichen Durchmesser für die Wickel mit gleichem Wickelgewicht.

Der Durchmesser von 45 cm für den reduzierten Kalanderdruck wurde vermindert auf 39 cm, wenn die für die Belastung vorgesehenen Tellerfedern auf den höchstmöglichen Wert vorgespannt waren.

5.27 Preßkopfbelastung

Die in einem Wickel mit bestimmtem Durchmesser unterzubringende Fasermenge ist in erster Linie von dem angewandten Kalanderpreßdruck abhängig. Einen gewissen Einfluß nimmt darauf auch die Preßkopfbelastung, d.h. der Druck, mit welcher die Wickelstange gegen die Unterlage angepreßt wird. Hier wird es nicht möglich sein, mit übermäßig hohen Drücken zu arbeiten. Abhängig von dem Preßdruck ist die Walkarbeit, die der Wickel bzw. die in Lagen um den Dorn gewickelte Faserwatte erfährt. Zu großer Druck führt leicht zu einer Beschädigung der Wattebahnoberfläche.

Der Druck, mit dem sich die Preßköpfe beiderseits auf die Wickelstange auflegen, wird im allgemeinen dadurch erzielt, daß eine Reibungsbremse (Band- oder Backenbremse) Verwendung findet, die über ein Zahnrad-Untersetzungsgetriebe und Zahnstangen mit den beiden Preßkopfanordnungen in Verbindung steht.

Nach Einlegen einer neuen Wickelstange werden die Preßköpfe nach unten geführt und kommen entsprechend zum Eingriff. Mit anwachsendem Wickeldurchmesser erfolgt ein Anheben, wobei über die zwischengeschalteten Getriebe die Reibungsbremse eine drehende Bewegung erfährt. Die wirksamen Bremskräfte vermitteln dabei den gewünschten Preßdruck. Die Größe der Bremskraft läßt sich durch ein Schiebegewicht einstellen und dadurch innerhalb gewisser Grenzen die Größe der Presskopfbelastung verändern.

Aus theoretischen Überlegungen ergab sich die Frage, ob es nicht zweckmäßig sei, den sich mit fortschreitender Wickelbildung veränderten Verhältnissen dadurch Rechnung zu tragen, daß die Preßkopfbelastung während des Wickelaufbaues verändert wird. Hierbei hat zu gelten, daß wegen der vorliegenden Auflagebedingungen trotz des ansteigenden Wickelgewichtes bei gegebener Preßkopfbelastung die Drücke, mit denen die Wickelaußenlagen an den Riffelwalzen anliegen, zurückgehen. Beim Arbeiten mit einer veränderlichen Preßkopfbelastung während des Wickelaufbaues ist also ein entsprechender Anstieg der Preßkopfbelastung während der Wickelbildung vorzunehmen [13].

Vielfach ist zu beobachten, daß sich bei den üblichen Einrichtungen zur Erzielung der Preßkopfbelastung die Preßköpfe nicht gleichmäßig, sondern ruckartig bewegen. Das ist zweifellos auf ein Wechselspiel zwischen Reibung der Ruhe und Reibung der Bewegung in den verwendeten Übertragungsgliedern zurückzuführen. Das kommt hier besonders stark zur Auswirkung, weil es sich bei dem Wickelkörper nicht um eine starre Masse, vielmehr um elastisch dehnbares Material handelt.

Für eine Reihe von Schlagmaschinen mit automatischer Wickelvorrichtung wurde deshalb von der Möglichkeit Gebrauch gemacht, die erforderlichen Bremskräfte nicht durch eine bekannte Reibungskupplung zu erzeugen, vielmehr hierfür eine Drehfeld-Asynchron-Maschine anzuwenden. Abbildung 27 zeigt die der Patentschrift entnommene Prinzipskizze [14].

Die Bremsmaschine 1 kann nach Umschalten dabei gleichzeitig benutzt werden, um die Preßköpfe 2 nach Beendigung des Wickelvorganges bzw. beim selbsttätigen Ausstoßen des Wickels anzuheben.

Um zu vermeiden, daß sich die Preßköpfe beim Herunterführen zu hart gegen die Wickelstange 3 anlegen, ist entweder mit einer Rutschkupplung 4 zu arbeiten oder eine pendelnde Aufhängung für den Motor anzuwenden, wie sie mit der unteren Skizze gezeigt wird.

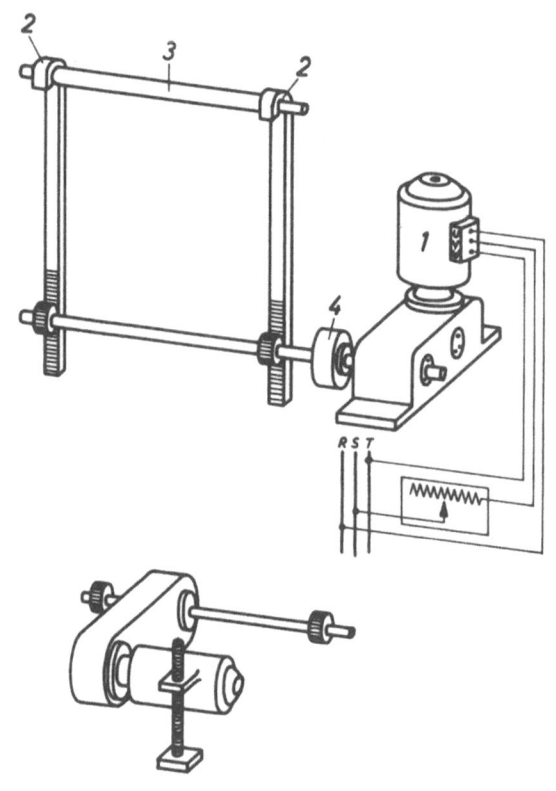

Abbildung 27

Prinzipbild einer elektrisch wirksamen Vorrichtung zur Erzeugung der Preßkopfbelastung

Die Anordnung einer solchen elektrisch wirksamen Vorrichtung für die Erzeugung der Preßkopfbelastung bei einer Schlagmaschine ist aus Abbildung 28 ersichtlich. Ohne weiteres ist natürlich auch möglich, während der Wickelbildung eine Veränderung des wirksamen Druckes vorzunehmen. Das erfolgt in einfacher Weise dadurch, daß mit fortschreitender Wickelbildung ein der Drehfeld-Asynchron-Maschine vorgeschalteter Regelwiderstand fortlaufend verändert wird. Im praktischen Betrieb gesammelte Erfahrungen haben gezeigt, daß es durchaus möglich ist, auf diese Weise der gestellten Aufgabe zu entsprechen.

A b b i l d u n g   28

Drehfeld-Asynchron-Maschine mit Zapfengetriebe nach DBP 1 029 272

Es ergab sich jedoch, daß einer Veränderung des Preßdrucks bei der Wikkelbildung nicht die Bedeutung zukommt, die ihr eine zeitlang zugemessen wurde. Bei Gleichmäßigkeitsprüfungen konnte nicht festgestellt werden, daß die innerhalb normaler Grenzen veränderte Preßkopfbelastung auf die Wickelgleichmäßigkeit irgendeinen feststellbaren Einfluß nimmt.

Die Abhängigkeit des Wickeldurchmessers bei gegebenem Kalanderpreßdruck von der Preßkopfbelastung ist aus der nachstehenden Tabelle ersichtlich.

Abhängigkeit der Wickeldurchmesser von der Kalander- und Preßkopfbelastung

Kalanderdruck [kg/Seite]	Preßkopfdruck [kg/Seite]	Wickeldurchmesser [mm]	Wickelgewicht [kg]
500	1350 - 1625	440	17.90
1050	500 - 775	420	17.66
1050	1125 - 1400	400	17.80
1050	1300 - 1575	380	17.64
1500	500 - 775	360	17.64
1500	1350 - 1625	360	17.78
1070	725 - 1050	430	15.30
1500	725 - 1050	380	15.30
1800	725 - 1050	380	15.30
500	1300	460	17.84
1500	375	405	17.70
1500	1300	400	17.70

Zweifellos sind gewisse Zusammenhänge zwischen dem Kalanderdruck und der Preßkopfbelastung gegeben. Ein hoher Kalanderdruck zwecks Erzielung eines kleinen Wickeldurchmessers bei gegebenem Wickelgewicht läßt auch entsprechend höhere Preßkopfbelastungen zu, ohne daß die Gefahr besteht, daß der Wickel auf den Wickelwalzen zu stark walkt, sich dadurch verformt und eine eiförmige Gestalt annimmt.

5.3 Nachträgliche Verformung des Wickels durch Lagerung und Transport

Ein von der Schlagmaschine in einwandfreiem Zustand abgelieferter Wickel kann durch unsachgemäße Behandlung bei der Lagerung oder beim Transport und durch die Lagerung selbst Beschädigungen bzw. Verformungen erfahren. Dabei sind vor allem die Außenlagen gefährdet. Durch Verwendung geeigneter Transportvorrichtungen ist dafür Sorge zu tragen, daß der Wickel nicht unzulässig gedrückt wird oder seine Außenlagen durch Anstoßen aufgerissen werden.

Durch die Bauschelastizität des Fasermaterials wird der Wickel bei längerer Lagerung "wachsen". Der Kern versucht sich auszudehnen, die Außenlagen werden dadurch angespannt und unter bestimmten Voraussetzungen verzogen, so daß sich dünne Stellen ergeben. Bei länger gelagerten Wickeln ist vielfach zu beobachten, daß die Außenlagen locker werden und schließlich abfallen. Begünstigt werden diese Vorgänge dadurch, daß im Schlagmaschinensaal im allgemeinen mit einer verhältnismäßig geringen relativen Luftfeuchtigkeit zu rechnen ist.

Bei der Durchführung von Wickelprüfungen wird sich bei länger abgelagerten Wickeln vielfach zeigen, daß die Außenlagen eine größere Ungleichmäßigkeit aufweisen als bei einer direkt an die Erzeugung auf der Schlagmaschine angeschlossenen Prüfung. Von einer solchen nachträglichen Verformung ist die von den Innenlagen des Wickels stammende Watte naturgemäß weniger betroffen.

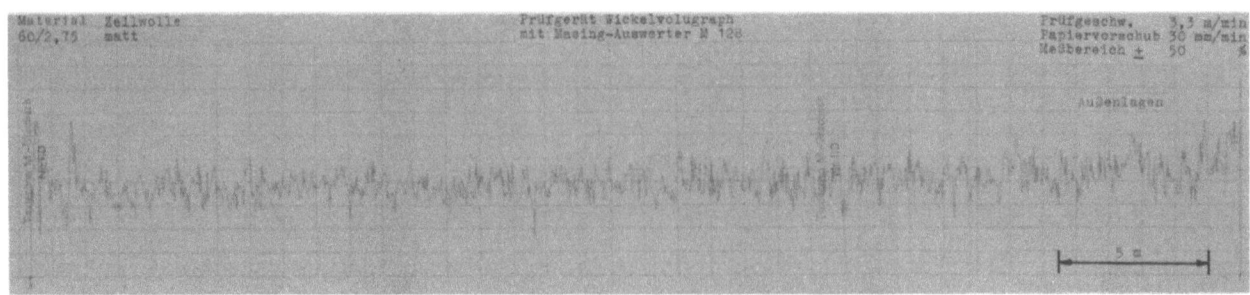

A b b i l d u n g   29
Auflockerung der Außenlagen durch Lagerung

Abbildung 29 bringt hierfür ein Beispiel. Deutlich zeigt sich, daß für die von den Außenlagen abgenommene Wickelwatte eine größere Ungleichmäßigkeit gegeben ist als für die inneren Lagen.

Mit Erfolg wird neuerdings vielfach diesen Erscheinungen durch Verwendung von Folien entgegengewirkt. Diese umschließen den Wickel derart, daß sie die Außenlagen zusammenhalten, ein Wachsen des Wickels vermeiden und im übrigen einen guten Schutz gegen Beschädigungen beim Transport gewähren.

6. Zusammenfassung

Einleitend wird zunächst auf die Arbeitsweise der Schlagmaschinen eingegangen und der Materialtransport vom Kastenspeiser bis zum Wickel behandelt.

Eine Kontrolle der Arbeitsweise ist indirekt durch eine nachträgliche Überprüfung der auf der Schlagmaschine erzeugten Wickel möglich. Hierfür eignen sich Prüfeinrichtungen, die nach dem Hochfrequenz-Meßprinzip arbeiten. Beschrieben wird eine versuchsweise vom Institut eingesetzte Prüfmaschine, bei der die Gleichmäßigkeit der Wickelwatte mechanisch abgetastet und die Aufzeichnung der Meßwerte durch eine elektrische Meßeinrichtung erfolgt. Diese kann zusätzlich mit einem MASING-Auswerter betrieben werden, so daß es möglich ist, den Variationskoeffizienten zu bestimmen und für unter unterschiedlichen Voraussetzungen hergestellte Wickel feste Zahlenwerte für deren Ungleichmäßigkeit anzugeben.

Gemäß der für diese Abhandlung gewählten Disposition wurde zunächst die Auswirkung des Fasergutes auf die Gleichmäßigkeit überprüft. Weitere Untersuchungen bezogen sich darauf, die Wirkung der einzelnen, dem Transport des Materials in der Schlagmaschine dienenden Einrichtungen auf die Gleichmäßigkeit der hergestellten Wickel festzustellen.

Maßgeblich für die Arbeitsweise der Schlagmaschine hinsichtlich der erzielten Wickelgleichmäßigkeit ist die ordnungsgemäße Funktion des Muldenreglers. Dieser ist in der Lage, vom unterschiedlichen Füllungsgrad des Kastenspeisers herrührende Schwankungen in der Materiallieferung zur Speisewalze weitgehend auszugleichen. Seine Wirkungsweise ist allerdings gewissen Trägheiten unterworfen. Es muß deshalb damit gerechnet werden, daß kurzzeitige Schwankungen im vorgelegten Faservlies, wie sie beispielsweise durch Stauungen am Füllschachtaustritt entstehen können, nicht oder nicht vollständig ausgeglichen werden. Eine vergleichmäßigende Wirkung auf die Wickelwatte wird den Siebtrommeln zugeschrieben. Bei den Versuchen hat sich gezeigt, daß eine größere Speicherwirkung nicht gegeben ist und deshalb von den Siebtrommeln ein Ausgleich auf verhältnismäßig kurzfolgende Dickeschwankungen in der Vorlage nicht erwartet werden kann. Einen Einfluß auf die Wirkungsweise der Siebtrommeln nimmt die angewandte Ventilatordrehzahl. Das wird durch einschlägige Untersuchungen aufgezeigt.

Kalander- und Preßkopfbelastungen können die Gleichmäßigkeit nicht bzw. nicht wesentlich beeinflußen. Hiermit ist es allerdings möglich durch Anwenden einer hohen Kompression für das Fasermaterial bei gegebenem Wickelgewicht in gewissen Grenzen den Wickel-Durchmesser zu verändern.

Verdickungen, die meist am Wickelanfang (Material am Wickeldorn) beobachtet werden, sind darauf zurückzuführen, daß der zwischen Kalander und Wickelwalzen eingestellte Getriebeverzug beim Anlegen eines neuen Wickels nicht bzw. nicht in voller Größe ausgeübt wird. Auch ist vielfach eine Faltenbildung zu beobachten, die auf Schwierigkeiten zurückzuführen ist, welche sich beim Anlegen der neuen Watte auf die Wickelstange ergeben.

Einer nachträglichen Verformung des Wickels durch Platzen der Außenlagen bzw. durch Beschädigen beim Transport ist am besten dadurch entgegenzuwirken, daß die Wickel in eine Folie eingebettet werden.

Obering. H. STEIN

Ing. M. EIDELSBURGER

7. Literaturverzeichnis

7.1 Zeitschriften- und Buchliteratur

[1] JOHANNSEN, O. Handbuch der Baumwollspinnerei
4. Auflage, S.83 ff.

[2] ÖSER, W. Baumwoll- und Zellwollspinnerei sowie Zwirnerei
2. Auflage, Stuttgart 1950, S.49 ff.

[3] SUTTER, F. Maßnahmen zur Verbesserung der Schlagmaschinenwickel
Textilpraxis 7 und 8 (1958) S.678/82 und S.778/82

[4] FAHRBACH, R. Einprozeß-Anlagen in der Baumwollspinnerei
Textilpraxis 4 (1951) S.243/48

[5] TOBEL, R. Putzerei und Kardierarbeit in der Baumwollspinnerei
Zeitschrift f.d.ges.Textilindustrie 13 (1957) S.499/502

[6] GROSSMANN, O.v., W. MASING und C. SCHUBERT Ein Verfahren zur kontinuierlichen Messung der Gleichmäßigkeit von Schlagmaschinenwickeln
Textilpraxis 4 (1951) S.240/43

[7] dies. Ein Verfahren zur kontinuierlichen Messung der Gleichmäßigkeit von Schlagmaschinenwickeln, II
Die Auswertung der mit dem Wickelprüfgerät erhaltenen Diagramme
Textilpraxis 2 (1952) S.103/106

[8] GROSSMANN, O.v. Wickelprüfung und deren Auswertung
Textilpraxis 5 (1954) S.415/422

[9] LOCHER, H. Kontrolle der Ungleichmäßigkeit der Schlagmaschinenwickel
Melliand Textilberichte 3 (1955) S.231/237

[10] LANGER, H. und K. MEYER Gleichmäßigkeitsprüfung am laufenden Faden auf elektro-kapazitiver Basis
1. Auflage, 1953

[11] MASING, W. Statistische Qualitätskontrolle in der Baumwollspinnerei
1. Auflage Stuttgart, 1955

7.2 Patentliteratur

[12]　DBP 930 370 - Kl. 76 b　Erf. Grossmann, O.v., Masing, W., Schubert, C.
　　　　　　　　　　　　　　　Kontrollapparat an Textilmaschinen zur
　　　　　　　　　　　　　　　Überwachung der Faserstoffbahn

[13]　DRP 853 120 - Kl.　　　　Inh. J. Rieter & Co., Winterthur/Schweiz
　　　　　　　　　　　　　　　Verfahren und Einrichtung zur Erzeugung
　　　　　　　　　　　　　　　eines Faserwickels

[14]　DBP 1 029 272 Kl. 76 b　Erf. u. Inh. H. Stein
　　　　　　　　　　　　　　　Vorrichtung zum Belasten der Preßköpfe
　　　　　　　　　　　　　　　von Wickelvorrichtungen an Schlagmaschinen

FORSCHUNGSBERICHTE DES LANDES NORDRHEIN-WESTFALEN

Herausgegeben durch das Kultusministerium

TEXTILFASERFORSCHUNG · TEXTILCHEMIE · TEXTILPHYSIK
TEXTILTECHNIK · WÄSCHEREIFORSCHUNG

HEFT 3
Techn.-Wissenschaftl. Büro für die Bastfaserindustrie, Bielefeld
Untersuchungsarbeiten zur Verbesserung des Leinenwebstuhls
1952, 44 Seiten, 7 Abb., 3 Tabellen, DM 12,50

HEFT 9
Techn.-Wissenschaftl. Büro für die Bastfaserindustrie, Bielefeld
Untersuchungen über die zweckmäßige Wicklungsart von Leinengarnkreuzspulen unter Berücksichtigung der Anwendung hoher Geschwindigkeiten des Garnes
Vorversuche für Zetteln und Schären von Leinengarnen auf Hochleistungsmaschinen
1952, 48 Seiten, 7 Abb., 7 Tabellen, DM 9,25

HEFT 13
Techn.-Wissenschaftl. Büro für die Bastfaserindustrie, Bielefeld
Das Naßspinnen von Bastfasergarnen mit chemischen Zusätzen zum Spinnbad
1953, 52 Seiten, 4 Abb., 19 Tabellen, DM 10,—

HEFT 15
Wäschereiforschung Krefeld
Trocknen von Wäschestoffen. I. Lufttrocknung: Untersuchungen an Tumblern
1953, 40 Seiten, 14 Abb., 2 Tabellen, DM 9,—

HEFT 17
Ingenieurbüro Herbert Stein, M.-Gladbach
Untersuchung der Verzugsvorgänge in den Streckwerken verschiedener Spinnereimaschinen. 1. Bericht: Vergleichende Prüfung mit verschiedenen Dickenmeßgeräten
1952, 36 Seiten, 15 Abb., DM 8,—

HEFT 18
Wäschereiforschung Krefeld
Grundlagen zur Erfassung der chemischen Schädigung beim Waschen
1953, 68 Seiten, 15 Abb., 15 Tabellen, DM 12,75

HEFT 19
Techn.-Wissenschaftl. Büro für die Bastfaserindustrie, Bielefeld
Die Auswirkung des Schlichtens von Leinengarnketten auf den Verarbeitungswirkungsgrad sowie die Festigkeit und Dehnungsverhältnisse der Garne und Gewebe
1953, 48 Seiten, 1 Abb., 9 Tabellen, DM 9,—

HEFT 20
Techn.-Wissenschaftl. Büro für die Bastfaserindustrie, Bielefeld
Trocknung von Leinengarnen I
Vorgang und Einwirkung auf die Garnqualität
1953, 62 Seiten, 18 Abb., 5 Tabellen, DM 12,—

HEFT 21
Techn.-Wissenschaftl. Büro für die Bastfaserindustrie, Bielefeld
Trocknung von Leinengarnen II
Spulenanordnung und Luftführung beim Trocknen von Kreuzspulen
1953, 66 Seiten, 22 Abb., 9 Tabellen, DM 13,—

HEFT 22
Techn.-Wissenschaftl. Büro für die Bastfaserindustrie, Bielefeld
Die Reparaturanfälligkeit von Webstühlen
1953, 28 Seiten, 7 Abb., 5 Tabellen, DM 5,80

HEFT 26
Techn.-Wissenschaftl. Büro für die Bastfaserindustrie, Bielefeld
Vergleichende Untersuchungen zweier neuzeitlicher Ungleichmäßigkeitsprüfer für Bänder und Garne hinsichtlich ihrer Eignung für die Bastfaserspinnerei
1953, 64 Seiten, 30 Abb., DM 12,50

HEFT 29
Techn.-Wissenschaftl. Büro für die Bastfaserindustrie, Bielefeld
Die Ausnützung der Leinengarne in Geweben
1953, 100 Seiten, 14 Abb., 10 Tabellen, DM 17,80

HEFT 32
Techn.-Wissenschaftl. Büro für die Bastfaserindustrie, Bielefeld
Der Einfluß der Natriumchloridbleiche auf Qualität und Verwebbarkeit von Leinengarnen und die Eigenschaften der Leinengewebe unter besonderer Berücksichtigung des Einsatzes von Schützen- und Spulenwechselautomaten in der Leinenweberei
1953, 64 Seiten, 2 Abb., 12 Tabellen, DM 11,50

HEFT 34
Textilforschungsanstalt Krefeld
Quellungs- und Entquellungsvorgänge bei Faserstoffen
1953, 52 Seiten, 13 Abb., 13 Tabellen, DM 9,80

HEFT 35
Prof. Dr. W. Kast, Krefeld
Feinstrukturuntersuchungen an künstlichen Zellulosefasern verschiedener Herstellungsverfahren. Teil I: Der Orientierungszustand
1953, 74 Seiten, 30 Abb., 7 Tabellen, DM 13,80

HEFT 41
Techn.-Wissenschaftl. Büro für die Bastfaserindustrie, Bielefeld
Untersuchungsarbeiten zur Verbesserung des Leinenwebstuhles II
1953, 40 Seiten, 4 Abb., 5 Tabellen, DM 7,80

HEFT 63
Textilforschungsanstalt Krefeld
Neue Methoden zur Untersuchung der Wirkungsweise von Textilhilfsmitteln
Untersuchungen über Schlichtungs- und Entschlichtungsvorgänge
1954, 34 Seiten, 1 Abb., 5 Tabellen, DM 6,80

HEFT 64
Textilforschungsanstalt Krefeld
Die Kettenlängenverteilung von hochpolymeren Faserstoffen
Über die fraktionierte Fällung von Polyamiden
1954, 44 Seiten, 13 Abb., DM 8,60

HEFT 69
Wäschereiforschung Krefeld
Bestimmung des Faserabbaues bei Leinen unter besonderer Berücksichtigung der Leinengarnbleiche
1954, 48 Seiten, 15 Abb., 3 Tabellen, DM 9,60

HEFT 70
Wäschereiforschung Krefeld
Trocknen von Wäschestoffen. II. Kontakttrocknung: Untersuchungen über den Trockenvorgang und die Wäschebeanspruchung bei der Kontakttrocknung
1954, 42 Seiten, 18 Abb., 3 Tabellen, DM 10,—

HEFT 79
Techn.-Wissenschaftl. Büro für die Bastfaserindustrie, Bielefeld
Trocknung von Leinengarnen III
Spinnspulen- und Spinnkopstrocknung
Vorgang und Einwirkung auf die Garnqualität
1954, 74 Seiten, 18 Abb., 10 Tabellen, DM 14,—

HEFT 80
Techn.-Wissenschaftl. Büro für die Bastfaserindustrie, Bielefeld
Die Verarbeitung von Leinengarn auf Webstühlen mit und ohne Oberbau
1954, 30 Seiten, 2 Abb., 2 Tabellen, DM 6,—

HEFT 84
Dr. H. Baron, Düsseldorf
Über Standardisierung von Wundtextilien
1954, 32 Seiten, DM 6,40

HEFT 85
Textilforschungsanstalt Krefeld
Physikalische Untersuchungen an Fasern, Fäden, Garnen und Geweben:
Untersuchungen am Knickscheuergerät nach Weltzien
1954, 40 Seiten, 11 Abb., 8 Tabellen, DM 10,—

HEFT 92
Techn.-Wissenschaftl. Büro für die Bastfaserindustrie, Bielefeld und Institut für textile Meßtechnik, M.-Gladbach
Messungen von Vorgängen am Webstuhl
1954, 76 Seiten, 45 Abb., DM 15,50

HEFT 93
Prof. Dr. W. Kast, Krefeld
Spinnversuche zur Strukturerfassung künstlicher Zellulosefasern
1954, 82 Seiten, 39 Abb., 6 Tabellen, DM 16,—

HEFT 97
Ing. H. Stein, M.-Gladbach
Untersuchung der Verzugsvorgänge an den Streckwerken verschiedener Spinnereimaschinen
2. Bericht: Ermittlung der Haft-Gleiteigenschaften von Faserbändern und Vorgarnen
1955, 98 Seiten, 54 Abb., DM 21,—

HEFT 119
Dr.-Ing. O. Viertel, Krefeld
Wäscherei- und energietechnische Untersuchung einer Gemeinschafts-Waschanlage
1955, 50 Seiten, 18 Abb., DM 10,20

HEFT 159
Dr.-Ing. O. Viertel und O. Oldenroth, Krefeld
Das Bleichen von Weißwäsche mit Wasserstoffsuperoxyd bzw. Natriumhypochlorit beim maschinellen Waschen
1955, 54 Seiten, 23 Abb., 2 Tabellen, DM 11,45

HEFT 161
Prof. Dr. W. Weltzien und Dr. G. Hauschild, Krefeld
Über Silikone und ihre Anwendung in der Textilveredlung
1955, 162 Seiten, 22 Abb., 10 Tabellen, DM 27,—

HEFT 163
Dipl.-Ing. W. Rohs und Text.-Ing. H. Griese, Bielefeld
Untersuchungsarbeiten zur Verbesserung des Leinenwebstuhls III
1955, 80 Seiten, 15 Abb., 18 Tabellen, DM 15,80

HEFT 171
Wäschereiforschung Krefeld
Untersuchung der Wäscheentwässerung mit Hilfe von Zentrifugen und Pressen
1955, 42 Seiten, 16 Abb., 4 Tabellen, DM 9,70

HEFT 172
Dipl.-Ing. W. Rohs, Dr.-Ing. G. Satlow und Text.-Ing. G. Heller, Bielefeld
Trocknung von Hanfgarnen. Kreuzspultrocknung
1955, 60 Seiten, 7 Abb., 4 Tabellen, DM 10,30

HEFT 173
Prof. Dr. R. Hosemann und Dipl.-Phys. G. Schoknecht, Berlin, vorgelegt von Prof. Dr. W. Kast, Krefeld
Lichtoptische Herstellung und Diskussion der Faltungsquadrate parakristalliner Gitter
1956, 108 Seiten, 63 Abb., 6 Tabellen, DM 24,70

HEFT 185
Dipl.-Ing. W. Rohs und Text.-Ing. G. Heller, Bielefeld
Studien an einem neuzeitlichen Kreuzspultrockner für Bastfasergarne mit Wiederbefeuchtungszone
1955, 52 Seiten, 9 Abb., 3 Tabellen, DM 10,70

HEFT 196
Dipl.-Ing. W. Rohs und Text.-Ing. H. Griese, Bielefeld
Auswirkungen von Garnfehlern bei der Verarbeitung von Leinengarnen
1955, 24 Seiten, 3 Abb., 6 Tabellen, DM 7,80

HEFT 199
Textilforschungsanstalt Krefeld
Die Messung von Gewebetemperaturen mittels Temperaturstrahlung
1955, 50 Seiten, 12 Abb., DM 10,90

HEFT 226
Technisch-wissenschaftliches Büro für die Bastfaserindustrie, Bielefeld
Untersuchungen zur Verbesserung des Leinenwebstuhles IV
Die Wirkung verschiedener Kettbaumbremsen auf die Verwebung von Leinengarnen
1956, 64 Seiten, 9 Abb., 4 Tabellen, DM 13,50

HEFT 236
Dr.-Ing. O. Viertel und S. Lucas, Krefeld
Ergebnisse einer Hausfrauenbefragung über Wascheinrichtungen und Waschmethoden in städtischen Haushaltungen
1956, 34 Seiten, 4 Abb., DM 7,60

HEFT 238
Institut für textile Meßtechnik e. V., M.-Gladbach
Untersuchungen der Verzugsvorgänge an den Streckwerken verschiedener Spinnereimaschinen. 3. Bericht: Theoretische Betrachtungen über den Einfluß schlagender Zylinder und Druckrollen
1956, 66 Seiten, 21 Abb., DM 14,10

HEFT 260
Prof. Dr. W. Kast, Freiburg (Br.), Prof. Dr. A. H. Stuart und Dipl.-Phys. H. G. Fendler, Hannover
Lichtzerstreuungsmessungen an Lösungen hochpolymerer Stoffe
1956, 70 Seiten, 25 Abb., 5 Tabellen, DM 15,60

HEFT 261
Prof. Dr. W. Kast, Freiburg (Br.)
Feinstruktur-Untersuchungen an künstlichen Zellulosefasern verschiedener Herstellungsverfahren.
Teil II: Der Kristallisationszustand
1956, 80 Seiten, 27 Abb., 11 Tabellen, DM 17,20

HEFT 273
Fa. K. H. W. Tacke G.m.b.H., Wuppertal-Barmen
Erfahrungen beim Verspinnen von Perlonfasern und bei der Herstellung von Trikotagen aus gesponnenem Perlon
1956, 36 Seiten, DM 7,90

HEFT 292
Dipl.-Ing. W. Rohs und Text.-Ing. H. Griese, Bielefeld
Webversuche an Leinenwebstühlen mit verbesserter Schaftbewegung
1956, 34 Seiten, 3 Abb., 2 Tabellen, DM 7,60

HEFT 301
Prof. Dr. W. Weltzien, Dr. G. Cossmann und P. Diehl, Krefeld
Über die fraktionierte Füllung von Polyamiden (II)
1956, 54 Seiten, 1 Abb., 16 Tabellen, DM 11,30

HEFT 302
Prof. Dr.-Ing. W. Wegener und Dipl.-Ing. W. Zahn, Aachen
Untersuchungen von gesponnenen Garnen auf ihre Gleichmäßigkeit nach verschiedenen Meßmethoden
1957, 58 Seiten, 34 Abb., DM 15,20

HEFT 307
Privat-Doz. Dr. J. Juilfs, Krefeld
Vergleichende Untersuchungen zur elastischen und bleibenden Dehnung von Fasern
1956, 36 Seiten, 11 Abb., DM 8,30

HEFT 308
Privat.-Doz. Dr. J. Juilfs, Krefeld
Zur Messung der Fadenglätte
1956, 22 Seiten, 10 Abb., 2 Tabellen, DM 8,—

HEFT 338
Prof. Dr.-Ing. W. Wegener Aachen, und Dipl.-Ing. J. Schneider, M.-Gladbach
Die Bedeutung der Knotenart für die Herabminderung der Fadenbrüche
1957, 40 Seiten, 6 Abb., 17 Tabellen, DM 9,80

HEFT 339
Prof. Dr.-Ing. W. Wegener und Dipl.-Ing. W. Zahn, Aachen
Vergleich des normalen mit verschiedenen abgekürzten Baumwollspinnverfahren in bezug auf Gleichmäßigkeit und Sortierungsstreuung der Garne
1956, 56 Seiten, 17 Abb., 17 Tabellen, DM 12,70

HEFT 340
Dipl.-Ing. W. Rohs und Dipl.-Ing. R. Otto, Bielefeld
Das Naßspinnen von Bastfasergarnen mit Spinnbadzusätzen unter Ausnutzung einer zentralen Spinnwasserversorgungsanlage
1956, 56 Seiten, 2 Abb., 6 Tabellen, DM 11,60

HEFT 358
Prof. Dr. rer. nat. W. Weltzien, Dipl.-Chem. P. Ringel und Text.-Ing. H. Kirchhoff, Krefeld
Die Waschechtheit von Färbungen. Vergleichende Untersuchungen auf dem Gebiete der Echtheitsprüfung
1958, 26 Seiten, 12 Farbtafeln, DM 58,—

HEFT 378
Oberingenieur H. Stein, M.-Gladbach
Beobachtung und maßtechnische Erfassung der Vorgänge im Spinn- und Aufwindefeld von Ringspinn- und Ringzwirnmaschinen
1957, 104 Seiten, 88 Abb., 3 Tabellen, DM 26,90

HEFT 379
Institut für textile Meßtechnik, M.-Gladbach
Schußfadenspannung beim Weben
1957, 76 Seiten, 17 Abb., 47 Diagramme, 3 Tabellen, DM 18,60

HEFT 381
Priv.-Doz. Dr. habil. J. Juilfs, Krefeld
Zur Dichtebestimmung von Fasern. Methoden und Beispiele der praktischen Anwendung
1957, 76 Seiten, 34 Abb., 18 Tabellen, DM 17,—

HEFT 393
Dr.-Ing. O. Viertel und S. Brückner-Lucas, Krefeld
Arbeitszeitstudien an Haushaltwaschmaschinen
1957, 74 Seiten, 8 Abb., 13 Tabellen, DM 17,30

HEFT 397
Dipl.-Ing. W. Rohs und Dipl.-Ing. R. Otto, Bielefeld
Ungleichmäßigkeiten in Bändern von Bastfaserkarden, ihre Ursachen und Auswirkungen
1957, 60 Seiten, 18 Abb., 42 Diagramme, DM 14,80

HEFT 433
Dr.-Ing. G. Satlow, Aachen
Über einige physikalische und chemische Eigenschaften der Wolle von der gewaschenen Wolle bis zum Kammzug
1957, 72 Seiten, 15 Abb., 19 Tabellen, DM 15,25

HEFT 434
Dipl.-Ing. W. Rohs und Dr. I. Geurten, Bielefeld
Schlichten für Baumwollgarne
1957, 96 Seiten, 3 Abb., zahlreiche Tabellen, DM 23,70

HEFT 435
Dipl.-Ing. W. Rohs und Dipl.-Ing. L. Steinmetz, Bielefeld
Die Masseungleichmäßigkeit von Flachstreckenbändern in Abhängigkeit von Verzug und Dopplung
1957, 42 Seiten, 4 Abb., 2 Tabellen, DM 9,90

HEFT 436
Priv.-Doz. Dr. habil. J. Juilfs, Krefeld
Zur Bestimmung der Reißlast (Zugfestigkeit) von Fasern, Fäden und Garnen
1959, 26 Seiten, 7 Abb., 5 Tabellen, DM 8,60

HEFT 442
Dipl.-Ing. W. Rohs, Text.-Ing. H. Griese und Text.-Ing. W. Lauer, Bielefeld
Die Auswirkungen der Trocknungsart naßgesponnener Leinengarne auf deren Verarbeitungswirkungsgrad sowie auf die Festigkeits- und Dehnungseigenschaften der Garne und Gewebe
1957, 28 Seiten, 2 Abb., 3 Tabellen, DM 6,50

HEFT 452
Prof. Dr. rer. nat. W. Weltzien und Dr. phil. K. Windeck, Krefeld
Veränderungen an Fasern bei der Bleiche mit Natriumchlorid und über einige Vergilbungserscheinungen
1957, 64 Seiten, 3 Abb., 13 Tabellen, DM 14,85

HEFT 479
Prof. Dr.-Ing. W. Wegener, Aachen und Dipl.-Ing. H. Fourné, Bochum
Ursachen des Überschreitens der Toleranzgrenze nach oben oder unten (Meter pro Gramm) an der Strecke
1958, 60 Seiten, 17 Abb., 3 Tabellen, DM 14,60

HEFT 494
Dipl.-Ing. W. Rohs und Text.-Ing. H. Griese, Bielefeld
Entwicklung und Erprobung eines verbesserten elektrischen Kettfadenwächtergeschirrs für die Leinen- und Halbleinenweberei
1957, 56 Seiten, 9 Abb., 11 Tabellen, DM 13,—

HEFT 496
Dipl.-Chem. P. Vogel, Krefeld
Färberische Eigenschaften von zur Herstellung von Verdickungen in der Stoffdruckerei bestimmten Stoffen
1957, 38 Seiten, 3 Abb., 3 Tabellen, DM 9,30

HEFT 498
Prof. Dr.-Ing. H. Zahn und Dr. rer. nat. W. Gerstner, Aachen
Herstellung säurefester technischer Gewebe
1957, 40 Seiten, 8 Tabellen, DM 9,65

HEFT 499
Priv.-Doz. Dr. J. Juilfs, Krefeld
Die Bestimmung des Wasserrückhaltevermögens (bzw. des Quellwertes) von Fasern
1958, 42 Seiten, 8 Abb., 8 Tabellen, DM 10,35

HEFT 500
Priv.-Doz. Dr. habil. J. Juilfs, Krefeld
Vergleichende Untersuchungen am Schopper-Scheuerprüfgerät
1958, 60 Seiten, 34 Abb., verschied. Tabellen, DM 18,10

HEFT 501
Dipl.-Ing. W. Rohs und Dr. I. Geurten, Bielefeld
Untersuchungen in der Leinengarnbleiche
1958, 50 Seiten, 5 Abb., 5 Tabellen, DM 11,50

HEFT 587
Dipl.-Ing. H. Schmidt, Krefeld
Auswirkung der Strömungsverhältnisse in Trommelwaschmaschinen unter besonderer Berücksichtigung des Durchlaufspülens
1958, 20 Seiten, 8 Abb., DM 8,45

HEFT 609
Dipl.-Ing. W. Rohs und Dipl.-Ing. L. Steinmetz, Technisch-Wissenschaftliches Büro für die Bastfaserindustrie, Bielefeld
Verteilung der Bastfasern im Verzugsfeld einer Nadelstabstrecke
1958, 42 Seiten, 10 Abb., 2 Tabellen, DM 13,45

HEFT 614
Prof. Dr. W. Weltzien, Priv.-Dozent Dr. rer. nat. habil. J. Juilfs und Dr. rer. nat. W. Bubser, Krefeld
Die Textilforschungsanstalt Krefeld 1920—1958
Ein Bericht zur Einweihung ihres Neubaus Frankenring 2
1958, 78 Seiten, 11 Abb., 5 Baupläne, DM 23,80

HEFT 621
Techn.-Wissensch. Büro für die Bastfaserindustrie, Bielefeld
Untersuchungen zur Verbesserung des Leinenwebstuhles V
1958, 42 Seiten, 6 Abb., 8 Tabellen, DM 11,30

HEFT 632
Prof. Dr.-Ing. W. Wegener, Aachen
Aufstellung und Vergleich von Variance-within- und Variance-between-Kurven von Garnen, die nach verschiedenen Spinnverfahren hergestellt wurden
1958, 72 Seiten, 35 Abb., DM 19,10

HEFT 633
Prof. Dr.-Ing. W. Wegener und Dipl.-Ing. E. Haase-Deyerling, Aachen
Entwicklung und Bau eines vollautomatischen Faserlängenprüfgerätes (Stapelprüfgerät) auf kapazitiver Grundlage, Erprobung dieses Gerätes und Vergleich mit den bislang üblichen Verfahren auf manueller Basis
1958, 32 Seiten, 15 Abb., 5 Tabellen, DM 10,10

HEFT 654
Obering. H. Stein und Text.-Ing. H. v. d. Weyden Institut für Textile Meßtechnik, M.-Gladbach Dipl.-Ing. Waldemar Rohs und Text.-Ing. H. Griese Techn.-Wissenschaftl. Büro für die Bastfaserindustrie Bielefeld
Untersuchungen an Spulvorrichtungen in der Leinen- und Halbleinenweberei
1958, 98 Seiten, 29 Abb., DM 23,80

HEFT 674
Dipl.-Ing. W. Rohs, Bielefeld
Die Ausnutzung der Garnfestigkeit in Halbleinengeweben
1958, 60 Seiten, 6 Abb., DM 14,30

HEFT 699
Dr.-Ing. Erich Wagner, Wuppertal
Studium der Drehungsverhältnisse an Perlon und Nylongarnen zur Herstellung von Strumpfgewirken
1959, 30 Seiten, 11 Abb., DM 9,20

HEFT 700
Oberingenieur H. Stein, M.-Gladbach
Zugprüfungen an Textilien mit einer weglosen, elektronischen Kraftmeßeinrichtung
1958, 103 Seiten, 62 Abb., 3 Tabellen, DM 32,—

HEFT 722
Dr.-Ing. O. Viertel, und Eva Malz, Krefeld
Mechanische Wäschebeanspruchung und Waschwirkung in Rührwerkmaschinen
1959, 59 Seiten, 25 Abb., 23 Tabellen, DM 16,50

HEFT 730
Obering. H. Stein und Dipl.-Phys. S. Hobe, M.-Gladbach
Gerät zum Auffinden von Fadenverdickungen bei hohen Prüfgeschwindigkeiten
1959, 56 Seiten, 28 Abb., 2 Tabellen, DM 14,80

HEFT 731
Dr.-Ing. G. Satlow, Aachen
Hautwolle und Schurwolle. Eine Gegenüberstellung ihrer wichtigsten chemischen und physikalischen Eigenschaften
1959, 96 Seiten, 4 Abb., 31 Tabellen, DM 23,60

HEFT 732
Dipl.-Ing. W. Rohs und Dipl.-Ing. R. Otto, Bielefeld
Messung von Verzugskräften in Nadelfeldern von Bastfaserstrecken
1959, 40 Seiten, 9 Abb., 4 Tabellen, DM 11,60

HEFT 749
Dipl.-Ing. W. Rohs und Text.-Ing. H. Griese, Bielefeld
Einfluß verschiedener Webfaktoren auf die Krumpfung von Halbleinen- und Baumwollgeweben
1959, 28 Seiten, 2 Abb., 10 Tabellen, DM 8,60

HEFT 761
Dr. I. Lambrinou-Geurten, Bielefeld
Untersuchungen zur rationellen Durchfärbbarkeit von Bastfasergarnen
1959, 54 Seiten, 1 Abb., 16 Tabellen, DM 14,10

HEFT 790
Prof. Dr. W. Kast, Freiburg/Br.
Fließvorgänge in der Spinndrüse und dem Blaukonus des Cuoxam-Verfahrens
In Vorbereitung

HEFT 816
Dr. rer. nat. H. Pfannmüller, Textilchemikerin M. Pfannmüller und Prof. Dr.-Ing. H. Zahn, Aachen
Die Bewetterung chemisch modifizierter Wollgarne

HEFT 817
Dr. rer. nat. H. Kessler, Aachen
Die Zwei- und Dreifaseranalyse auf Grund der Bestimmung von Cystin und Stickstoff

HEFT 818
Prof. Dr.-Ing. W. Wegener, Aachen
Grundlegende Untersuchungen zur Frage der Spinnavivierung von Rohbaumwolle

HEFT 826
Wäschereiforschung Krefeld e. V.
Arbeitszeitstudien an Haushaltsbottichwaschmaschinen gleicher Art und Größe mit verschiedener Ausstattung

HEFT 839
Prof. Dr. J. Juilfs, Krefeld
Zur Bestimmung der Absolutdichte von Fasern

Volks- und betriebswirtschaftliche Untersuchungen
auf dem Textilgebiet

HEFT 186
Dr. E. Wedekind, Krefeld
Untersuchungen zur Arbeitsbestgestaltung bei der Fertigstellung von Oberhemden in gewerblichen Wäschereien
1955, 124 Seiten, 28 Abb., 6 Tabellen, 2 Falttafeln, DM 12,—

HEFT 197
Dr. E. Wedekind, Krefeld
Untersuchungen zur Bestimmung der optimalen Arbeitsplatzgröße bei Mehrstuhlarbeit in der Weberei
1955, 92 Seiten, 34 Abb., DM 18,50

HEFT 222
Dr. L. Köllner, Münster und Dipl.-Volkswirt M. Kaiser, Bochum
Die internationale Wettbewerbsfähigkeit der westdeutschen Wollindustrie
1956, 214 Seiten, 5 Abb., DM 39,50

HEFT 323
Prof. Dr. R. Seyffert, Köln
Wege und Kosten der Distribution der Textilien, Schuh- und Lederwaren
1956, 98 Seiten, 37 Tabellen, 1 Falttafel, DM 12,—

HEFT 607
Dr. H. Schlachter, Münster
Die Wettbewerbslage der westdeutschen Juteindustrie
1958, 137 Seiten, 35 Tab., DM 32,—

HEFT 631
Dr. E. Wedekind, Krefeld
Der Einfluß der Automatisierung auf die Struktur der Maschinen und Arbeiterzeiten am mehrstelligen Arbeitsplatz in der Textilindustrie
1958, 86 Seiten, 34 Abb., DM 21,10

HEFT 715
Dr. E. Wedekind, Krefeld
Die Auftragsplanung und Arbeitsorganisation in gewerblichen Wäschereien
1959, 116 Seiten, 25 Abb., DM 29,50

HEFT 819
Dipl.-Volkswirt Dr. H. H. Kaup, Münster
Einkommen und Textilverbrauch

HEFT 827
Dr.-Ing. E. Sattler, Verband Deutscher Streichgarnspinner, Düsseldorf
Disposition mit Arbeitsvorbereitung und Vertriebsvorbereitung in der einstufigen (Verkaufs-) Streichgarnspinnerei

HEFT 828
C. Brzeskiewicz, Verband der Deutschen Tuch- und Kleiderstoffindustrie e. V., Köln, im Verein mit dem Ausschuß für wirtschaftliche Fertigung e. V., Düsseldorf
Disposition mit Arbeitsvorbereitung und Vertriebsvorbereitung in der Tuch- und Kleiderstoffindustrie
in Vorbereitung

Ein Gesamtverzeichnis der Forschungsberichte, die folgende Gebiete umfassen, kann bei Bedarf vom Verlag angefordert werden:

Acetylen / Schweißtechnik – Arbeitspsychologie und -wissenschaft – Bau / Steine / Erden – Bergbau – Biologie – Chemie – Eisenverarbeitende Industrie – Elektrotechnik / Optik – Fahrzeugbau / Gasmotoren – Farbe / Papier / Photographie – Fertigung – Gaswirtschaft – Hüttenwesen / Werkstoffkunde – Luftfahrt / Flugwissenschaften – Maschinenbau – Medizin / Pharmakologie / Physiologie – NE-Metalle – Physik – Schall / Ultraschall – Schiffahrt – Textiltechnik / Faserforschung / Wäschereiforschung – Turbinen – Verkehr – Wirtschaftswissenschaften.

MIX
Papier aus verantwortungsvollen Quellen
Paper from responsible sources
FSC® C105338

If you have any concerns about our products,
you can contact us on
ProductSafety@springernature.com

In case Publisher is established outside the EU,
the EU authorized representative is:
**Springer Nature Customer Service Center GmbH
Europaplatz 3, 69115 Heidelberg, Germany**

Printed by Libri Plureos GmbH
in Hamburg, Germany